天使《てんし》の犬《いぬ》ちろちゃん

みんなに愛《あい》され星《ほし》になった難病《なんびょう》の犬《いぬ》

杏《あんず》 有記《ゆき》／作《さく》

ハート出版

はじめに

ちろという名前《なまえ》の犬《いぬ》がいます。

二年前《にねんまえ》、後《うし》ろ足《あし》に力《ちから》が入《はい》らなくなったのをかわきりに、今《いま》では首《くび》から上《うえ》が動《うご》くだけ。

真《ま》っ白《しろ》だった体《からだ》は、白《しろ》い毛《け》がどんどん抜《ぬ》けて、ピンク色《いろ》の地《じ》はだが半分以上《はんぶんいじょう》になってしまいました。足《あし》のパッドのあいだからは血《ち》が流《なが》れでて、ペットシーツをよごしています。

でも、「ちろちゃーん」とよびかけながらのぞきこむと、ペロペロ顔《かお》をなめてくれるし、声《こえ》を使《つか》い分《わ》けて、いろんな言葉《ことば》をしゃべります。

お母《かあ》さんをよぶときは、「ウァアウァアー、ウァアウァアー（ママー、ママー）」。

それだけでなく、ちろの言葉《ことば》は全部《ぜんぶ》、お母《かあ》さんにつたわります。

ちろは食欲《しょくよく》もしっかりあって、それは、ちろが生《い》きようとしている証《あかし》です。

「ちろちゃんは、私《わたし》たちの天使《てんし》なんです」

お父《とう》さんもお母《かあ》さんも、目《め》をきらきらさせて、そういいます。

ちろは、不幸《ふこう》な宿命《しゅくめい》をもった、でも、幸《しあわ》せな犬《いぬ》なのです。

★もくじ★

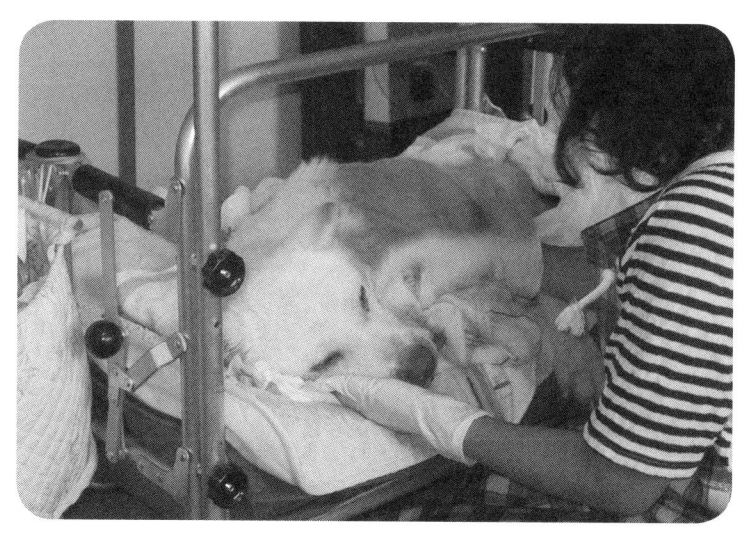

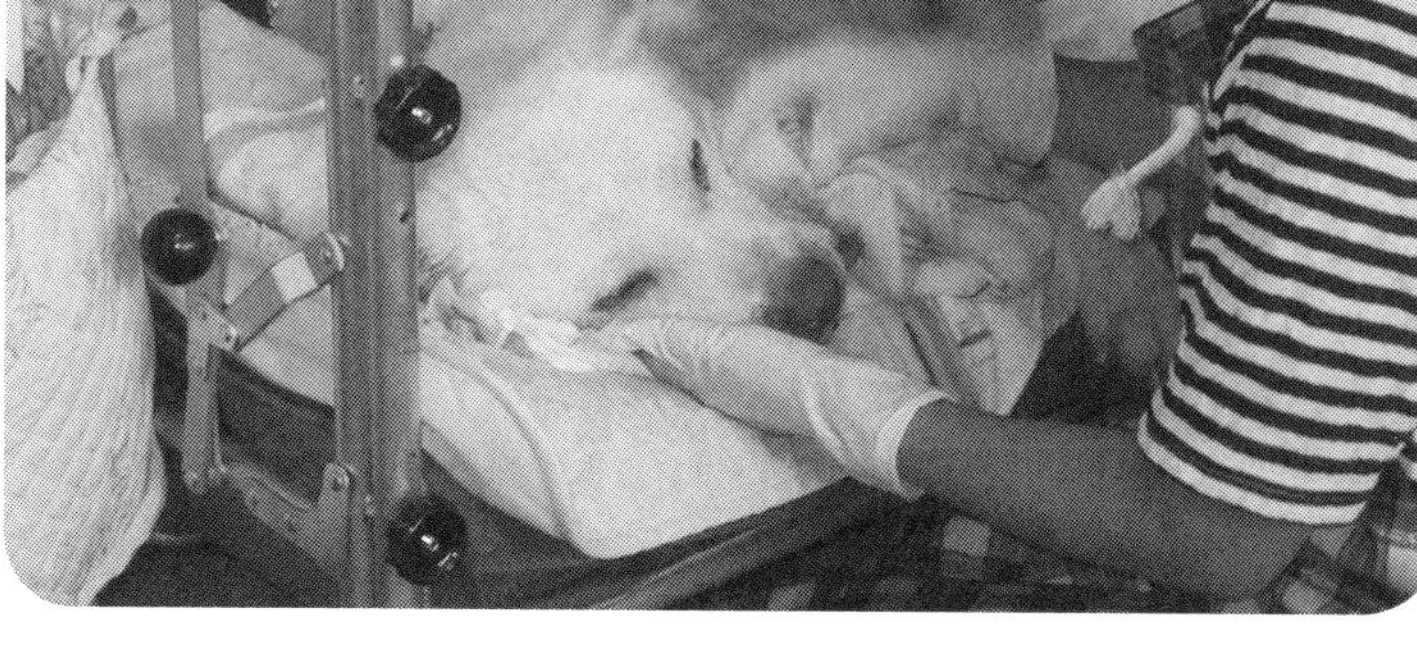

アヒル歩《ある》きの白《しろ》い犬《いぬ》

大阪府《おおさかふ》の北《きた》のはし、京都府《きょうとふ》と兵庫県《ひょうごけん》にはさまれた地域《ちいき》に、能勢町《のせちょう》があります。能勢町《のせちょう》は、ほとんどが里山《さとやま》で、あいまに田《た》んぼや畑《はたけ》が広《ひろ》がり、民家《みんか》がぽつぽつたっているいなか町《まち》。そのなかの倉垣《くらがき》という集落《しゅうらく》に、一匹《いっぴき》の白《しろ》い犬《いぬ》がすがたを現《あらわ》したのは、二〇〇一年五月二十八日《にせんいちねんごがつにじゅうはちにち》のことでした。

その朝《あさ》、洗濯《せんたく》ものを干《ほ》していた原田加代《はらだかよ》さんは、庭《にわ》をうろつく一匹《いっぴき》の白《しろ》い犬《いぬ》を見《み》つけました。敷地《しきち》にはかきねがないので、ふらりとまよいこんだようです。

大《おお》きめの鼻《はな》、ぴんと立《た》った正三角形《せいさんかくけい》の耳《みみ》、まっすぐなしっぽ。そして、アヒルのようなペタペタした歩《ある》き方《かた》。見《み》たことがないから、このあたりの犬《いぬ》ではありません。

「どこの犬《いぬ》やろ……？　けど、首輪《くびわ》をしてるから飼《か》い犬《いぬ》やねえ。まいごになったんやろか？」

首《くび》をひねりながら、原田《はらだ》さんは、わざとあらっぽくもの干《ほ》しざおを動《うご》かしました。

追《お》いはらうまねもしました。でも、その犬《いぬ》はにげるどころか、しっぽをふって近《ちか》づいてきます。にげないのは、人《ひと》になれているということでしょう。

原田《はらだ》さんは、何日《なんにち》か前《まえ》に見《み》た電柱《でんちゅう》のはり紙《がみ》を思《おも》い出《だ》しました。

――そうや、『犬《いぬ》を探《さが》してます』って書《か》いてあったわ。あの犬《いぬ》かもしれへん！　ちょっと見《み》てこよう。

とりあえず、原田《はらだ》さんは荷造《にづく》りに使《つか》うビニールひもを犬《いぬ》の首輪《くびわ》に結《むす》びつけて、庭《にわ》の木《き》につなぎました。それでも犬《いぬ》はあばれることもありません。ぽわんとした顔《かお》で原田《はらだ》さんにしっぽをふっています。

「あんた、かわいいねえ。あとでごはんあげるから、ちょっとまっときや！」

原田《はらだ》さんはそう声《こえ》をかけてから、二〇〇《にひゃく》メートルほど先《さき》にある電柱《でんちゅう》へと、小走《こばし》りにかけていきました。

あたりは田植《たう》えもすんで、田《た》んぼには黄緑《きみどり》の苗《なえ》が風《かぜ》にそよいでいます。

電柱《でんちゅう》のはり紙《がみ》にある白《しろ》い犬《いぬ》の写真《しゃしん》は、さっきの犬《いぬ》と似《に》ているような、少《すこ》しちがうような、どちらともいえない感《かん》じのものでした。探《さが》しているのは、ハッピーハウスという動物保護施設《どうぶつほごしせつ》。電話番号《でんわばんごう》ものっています。

動物保護施設《どうぶつほごしせつ》というのは、捨《す》て犬《いぬ》（ネコ）や迷《まよ》い犬《いぬ》（ネコ）、のら犬《いぬ》を保護《ほご》し、里親《さとおや》をつける努力《どりょく》をしているところです。ハッピーハウスという名前《なまえ》は、原田《はらだ》さんも聞《き》いたことがありました。

「とにかく聞《き》くだけ聞《き》いてみようかな」

原田《はらだ》さんは、携帯電話《けいたいでんわ》を出《だ》して、番号《ばんごう》を押《お》しました。よびだし音《おん》が鳴《な》っているあいだは、少《すこ》しドキドキしました。

――ちがうっていわれたら、あの犬《いぬ》、どうしたらいいんやろ。うちはお父《とう》さんが犬《いぬ》をきらいやから、飼《か》うことできないし。けど、あの犬《いぬ》、ちょっとおとぼけで、かわいいなあ。健太《けんた》は喜《よろこ》ぶかもね。

小学校《しょうがっこう》に通《かよ》っている健太《けんた》くんの笑顔《えがお》がうかびます。

そんなことを考《かんが》えているうちに、女《おんな》の人《ひと》が電話口《でんわぐち》に出《で》ました。

「はい、ハッピーハウスです」

「あ、ハッピーハウスさん？　私《わたし》、倉垣《くらがき》の原田《はらだ》っていうんですけど。さっきね、白《しろ》い犬《いぬ》が庭《にわ》にまよいこんできたんで、つないであるんです。そちらが探《さが》してる犬《いぬ》とちがいますか？」

女《おんな》の人《ひと》は、犬《いぬ》の現《あらわ》れた時間《じかん》やようす、原田《はらだ》さんの住所《じゅうしょ》と電話番号《でんわばんごう》などをたずねたあと、最後《さいご》にいいました。

「ありがとうございます。夕方《ゆうがた》までには、スタッフがそちらにうかがいますので、それまで、おいてやってください。よろしくおねがいします」

「はいはい。わかりました」

原田《はらだ》さんは、ほっとしながら携帯電話《けいたいでんわ》をＧ《ジー》パンのポケットにつっこんで、ゆっくりと家《いえ》にむかいました。

――そうや。帰《かえ》ったら、あの犬《いぬ》にごはんあげよう。チーズも食《た》べるかな。

白《しろ》い犬《いぬ》は、原田《はらだ》さんがあげたごはんもチーズも、大喜《おおよろこ》びでたいらげて、最後《さいご》に長《なが》い舌《した》で口《くち》のまわりをぺろりとなめました。

『ごちそうさま』

原田《はらだ》さんの目《め》には、犬《いぬ》がそういったようにうつりました。

「フフ。あんたって、舌《した》がとっても長《なが》いんやねえ」

「ワンワンわんダフルフェスタ」に「ふれあい犬《けん》」として参加《さんか》しました。

原田《はらだ》さんが犬《いぬ》の頭《あたま》をそっとなでると、犬《いぬ》は、されるまま気持《きも》ちよさそうに目《め》をしばつかせます。あらためて見《み》ると、その目《め》はうすい膜《まく》がかかったようで、犬《いぬ》を飼《か》った経《けい》験《けん》がない原田《はらだ》さんにも、それがふつうでないことがわかりました。

「あんた、その目《め》、どうしたの？」

原田《はらだ》さんは、なでる手《て》を止《と》めて、その犬《いぬ》を見《み》つめました。犬《いぬ》はきょとんとしていました。

ハッピーハウスのシロコ

お昼《ひる》をすぎて、原田《はらだ》さんがその犬《いぬ》をかまっているとき、家《いえ》の前《まえ》に一台《いちだい》のワゴン車《しゃ》が止《と》まりました。ハッピーハウスのスタッフ、松本圭司《まつもとけいし》さんが、保護《ほご》された犬《いぬ》の確《かく》認《にん》にやってきたのです。

松本《まつもと》さんは、ハッピーハウスで何年《なんねん》も犬《いぬ》の飼育担当《しいくたんとう》をしています。だから、車《くるま》をおりて遠目《とおめ》にその犬《いぬ》を見《み》ただけで、探《さが》している『ハジメ』とはちがう犬《いぬ》だとわかりました。

ハジメは保護《ほご》されるまでずっとのら犬《いぬ》だったので、人《ひと》みしりがひどいのです。庭《にわ》につながれてしっぽをふっているなんて、ありえません。

大《おお》がらな松本《まつもと》さんが近《ちか》づいても、その犬《いぬ》はこわがるどころか大喜《おおよろこ》びでした。しっぽをふりながらすりよってきます。

その頭《あたま》をなでながら、松本《まつもと》さんは考《かんが》えました。

――この性格《せいかく》なら、たぶん、もとは人《ひと》に飼《か》われていて、捨《す》てられたんだろうな。

この付近《ふきん》は山《やま》のなかで人《ひと》が少《すく》ないから、捨《す》てるにはつごうのいい場所《ばしょ》だし。

ざっと犬《いぬ》の状態《じょうたい》をチェックしたところ、性別《せいべつ》はメス、歯《は》は真《ま》っ白《しろ》なので、年齢《ねんれい》はまだ一歳《いっさい》か二歳《にさい》と想像《そうぞう》できました。ただ、ペタペタとアヒルのような歩《ある》き方《かた》をすることと、両目《りょうめ》がうすい膜《まく》におおわれているのが気《き》になります。もしかしたら病気《びょうき》かもしれません。

だから捨《す》てられたのかな、とも思《おも》いました。

松本《まつもと》さんは、原田《はらだ》さんに聞《き》いてみました。

「原田《はらだ》さん。この犬《いぬ》、うちが探《さが》している犬《いぬ》とはちがうんですけど……、ぼくが見《み》たかぎり、なにか病気《びょうき》があるようなんで、よかったら連《つ》れて帰《かえ》ります。それとも、原《はら》田《だ》さん、飼《か》ってやってくれますか？」

そういわれて、原田《はらだ》さんは、ほんの少《すこ》し考《かんが》えました。

朝《あさ》から半日《はんにち》いっしょにいただけで、手《て》ばなしたくないと思《おも》うほど、この犬《いぬ》のとぼけた雰囲気《ふんいき》が好《す》きでした。でも病気《びょうき》があるなら、世話《せわ》をする自信《じしん》も、家族《かぞく》の反対《はんたい》をおさえる自信《じしん》もありません。

「……うちのお父《とう》さん、犬《いぬ》がきらいやから、ええ子《こ》やけど連《つ》れて帰《かえ》ってください。よろしくおねがいします」

そうして、白《しろ》い犬《いぬ》は車《くるま》の後《うし》ろ座席《ざせき》に乗《の》せられました。もちろん大喜《おおよろこ》びで飛《と》び乗《の》って、不安《ふあん》のかけらもないようです。

「じゃあ、失礼《しつれい》します」

松本《まつもと》さんはぼうず頭《あたま》をちょこんとさげ、エンジンをかけました。白《しろ》い犬《いぬ》は座席《ざせき》にオスワリをしたまま、原田《はらだ》さんを見《み》ています。

車《くるま》はブルンブルンと音《おと》をたて、走《はし》りだしました。

バックミラーにうつる原田《はらだ》さんがどんどん小《ちい》さくなって、そのうち見《み》えなくなりました。

ハッピーハウスに着《つ》いた白《しろ》い犬《いぬ》は、まず、名前《なまえ》をつけてもらいました。

白《しろ》くて、女《おんな》の子《こ》だから『シロコ』。つけたのは、もちろん松本《まつもと》さんです。ほかのスタッフからは、「タラコみたいだ」「かんたんすぎる」「かわいくない」など、いろんな意見《いけん》が出《で》ました。でも、松本《まつもと》さんは、負《ま》けずにいいかえしました。

「シロコは里親《さとおや》さんにもらわれたとき、とってもいい名前《なまえ》をつけてもらえる。性格《せいかく》がいいから、里親《さとおや》さんもすぐ決《き》まるよ」

それから、しゃがんでシロコの耳《みみ》にささやきました。

「な、シロコ。早《はや》く里親《さとおや》さんに、かわいい名前《なまえ》つけてもらえよ」

シロコは、大《おお》きく口《くち》をあけてあくびをしました。まるで、「フワァーイ（は〜い）」といっているようでした。

そうして名前《なまえ》が決《き》まると、次《つぎ》は診察《しんさつ》です。施設《しせつ》でくらす前《まえ》に、シロコは施設内《しせつない》にある診療所《しんりょうじょ》に連《つ》れていかれました。たくさん動物《どうぶつ》のいる施設《しせつ》では、新《あたら》しくやってきた動物《どうぶつ》が、伝染病《でんせんびょう》や皮膚病《ひふびょう》をもっていると、たちまちうつってたいへんなことになるからです。

さいわい、シロコにはそういう病気《びょうき》はありませんでしたが、アヒル歩《ある》きと、目《め》のうすい膜《まく》と、前足《まえあし》に一部毛《いちぶけ》のはげたところがあるのを見《み》て、獣医師《じゅういし》の佐々木先生《ささきせんせい》はまゆをひそめ、松本《まつもと》さんにいいました。

「想像《そうぞう》だけど、成長期《せいちょうき》の栄養不足《えいようぶそく》が原因《げんいん》ちがうかなあ。病名《びょうめい》はわからないけど、たぶん治《なお》ることはないね」

こうしてハッピーハウスの保護犬二五〇匹《ほごけんにひゃくごじゅっぴき》のなかの一匹《いっぴき》になったシロコは、とろーんとした表情《ひょうじょう》がかわいいうえに、人《ひと》が大好《だいす》きなので、すぐにハッピーハウスの人気者《にんきもの》になりました。

一年後《いちねんご》の二〇〇二年五月《にせんにねんごがつ》には、兵庫県《ひょうごけん》の西宮《にしのみや》スタジアムで行《おこな》われた「世界《せかい》ペットフェスティバルｉｎ西宮《にしのみや》　ワンワンわんダフルフェスタ」に『ふれあい犬《けん》』として参加《さんか》。いろんな人《ひと》に頭《あたま》をなでてもらったり、おさんぽしてもらったり、楽《たの》しい数日《すうじつ》をすごしたのです。

でも、治《なお》らない病気《びょうき》があるからか、松本《まつもと》さんがねがったような、かわいい名前《なまえ》をつけてくれる里親《さとおや》は、なかなか現《あらわ》れませんでした。

悲《かな》しみをこえて

シロコがハッピーハウスに保護《ほご》されて、そんな日々《ひび》をすごしているころ、大阪府《おおさかふ》箕面市《みのおし》にある羽藤隆《はとうたかし》さん・ヒロ子《こ》さん夫妻《ふさい》の家《いえ》では、悲《かな》しいできごとがおこっていました。

家族《かぞく》としてかわいがっていた白《しろ》い犬《いぬ》、ボブが、八歳《はっさい》で突然死《とつぜんし》んでしまったのです。

ボブは、子犬《こいぬ》のときに娘《むすめ》の奈美《なみ》さんがひろってきた雑種《ざっしゅ》のオスで、これまで病気《びょうき》をしたこともなく、暑《あつ》い夏《なつ》も、寒《さむ》い冬《ふゆ》も、ずっと元気《げんき》に走《はし》りまわっていました。

ところが、その年《とし》にかぎって、少《すこ》しようすがちがいました。

梅雨《つゆ》があけ、真夏《まなつ》の太陽《たいよう》がてりつける暑《あつ》い日《ひ》が続《つづ》いたとたん、ボブの食欲《しょくよく》がぐんと落《お》ちたのです。好《す》きなお肉《にく》をあたえても、ぷいっとそっぽをむき、食《た》べようとしません。

羽藤《はとう》さん夫妻《ふさい》は心配《しんぱい》して病院《びょういん》に連《つ》れていきました。診察《しんさつ》した獣医師《じゅういし》は、体温《たいおん》を測《はか》ったり、血液検査《けつえきけんさ》をしたあと、にっこり笑《わら》っていいました。

「うーん、ボブくん、どこも悪《わる》いところはないですよ。このごろ急《きゅう》に暑《あつ》くなりましたからね。暑《あつ》さ負《ま》けしてるんでしょう」

「じゃあ、だいじょうぶなんですね！　よかった！」

二人《ふたり》は、ほっとして帰宅《きたく》したのですが、それはつかの間《ま》の喜《よろこ》びでした。

その夜《よる》、ボブはひどく苦《くる》しみだし、獣医師《じゅういし》に往診《おうしん》してもらったかいもなく、あっという間《ま》に死《し》んでしまったのです。

なにがなんだか、わからないままの別《わか》れでした。


しばらくは犬《いぬ》を飼《か》いたくない……。

ボブの突然《とつぜん》の死《し》に、隆《たかし》さんもヒロ子《こ》さんもすっかりしょげて、思《おも》い出話《でばなし》をするたびに涙《なみだ》ぐんでいました。犬《いぬ》を飼《か》いたいために、ヒロ子《こ》さんの弟一家《おとうといっか》と相談《そうだん》して二世帯住宅《にせたいじゅうたく》をたて、マンションからうつってきたのです。

なのに、その家《いえ》が灰色《はいいろ》の雲《くも》のなかに、ぽそんと入《はい》りこんでしまったようでした。

でも、それから三ヵ月《さんかげつ》たった十月《じゅうがつ》のある日《ひ》、ボブの写真《しゃしん》をながめながら、ヒロ子《こ》さんは、ふと思《おも》いました。

「そうや。ボブのかわりに、かわいそうな犬《いぬ》を引《ひ》き取《と》って、かわいがってやろう!」

夕食《ゆうしょく》で家族《かぞく》がそろったとき、ヒロ子《こ》さんは、その気持《きも》ちを隆《たかし》さんに相談《そうだん》してみました。

隆《たかし》さんは、反対《はんたい》しました。

「なんや。しばらくは飼《か》わへんのとちがうんか。ぼくはもう、あんなつらい思《おも》いをするのは、いややけどなあ」

「うん……。けど、私《わたし》、ボブがそうしてくれって、いってるような気《き》がするから」

そんなヒロ子《こ》さんの後押《あとお》しをしたのは、社会人《しゃかいじん》になったばかりの奈美《なみ》さんでした。

「私《わたし》は賛成《さんせい》！　お父《とう》さん。お父《とう》さんだって、犬《いぬ》がきたらうれしくなるよ。私《わたし》、こんな話《はなし》をしてるだけでうれしくなってきたわ！」

奈美《なみ》さんが目《め》をかがやかせ、ヒロ子《こ》さんがほほえんで、食卓《しょくたく》のまわりが、ほわっと明《あか》るくなりました。隆《たかし》さんは、二人《ふたり》の笑顔《えがお》を見《み》て、しかたなくうなずきました。

「わかった。お母《かあ》さんがそれで元気《げんき》が出《で》るんなら、飼《か》ったらいい」

実《じつ》は、隆《たかし》さんは二十八歳《にじゅうはっさい》のとき、オートバイ事故《じこ》で脊椎《せきつい》を傷《いた》めたために、下半身《かはんしん》が動《うご》きません。もう二十年以上《にじゅうねんいじょう》、車《くるま》イスの生活《せいかつ》を続《つづ》けています。

事故《じこ》のあと、人《ひと》に頼《たよ》らないで行動《こうどう》するために、家《いえ》のなかを改築《かいちく》して、車《くるま》イスで移《い》動《どう》できるようにしました。車《くるま》も改造《かいぞう》して、職場《しょくば》に再《ふたた》び通《かよ》えるようになりました。それでも、今《いま》のように明《あか》るく元気《げんき》になるまで、ずいぶんつらいこと、くやしいことを乗《の》り越《こ》えてきたのです。

そんなとき、ヒロ子《こ》さん、奈美《なみ》さんの応援《おうえん》はもちろん、いつもそばにいてくれたボブには、ずいぶん心《こころ》がなぐさめられたものでした。

だから、ほんとうはまだ新《あたら》しい犬《いぬ》を飼《か》う気《き》になれません。

その翌日《よくじつ》、しぶしぶとはいえ、隆《たかし》さんが賛成《さんせい》してくれたので、ヒロ子《こ》さんは保健《ほけん》所《じょ》に出《で》かけました。

「こちらには、里親《さとおや》を探《さが》しているワンちゃんっているんですか?」

「いやあ、うちには今《いま》のところ、いないんですけど。でもね……えーっと、ちょっとまってくださいよ。箕面《みのお》の奥《おく》の能勢町《のせちょう》ですけど、捨《す》てられた犬《いぬ》や、まいごになった犬《いぬ》を保護《ほご》してる施設《しせつ》がありますから……」

少《すこ》しして、係《かかり》の人《ひと》がメモにハッピーハウスの住所《じゅうしょ》と電話番号《でんわばんごう》を書《か》いてくれました。

「ここに、保護《ほご》された犬《いぬ》がたくさんいるんですよ。一回《いっかい》いってきはったらどうですか？」

お礼《れい》をいって保健所《ほけんじょ》を出《で》たあと、ヒロ子《こ》さんはメモを見《み》ながら、つぶやきました。

「能勢町《のせちょう》か。それやったら山越《やまご》えしたら一時間《いちじかん》くらいでいけそうやし。奈美《なみ》をさそって、いってみようかな」

ヒロ子《こ》さんの胸《むね》に、ろうそくのように小《ちい》さな、でも暖《あたた》かいあかりがともりました。

——きっと、ボブみたいないい子《こ》に出会《であ》える。

そんな予感《よかん》がしたのです。なんとなく、わくわくしてきました。

そうして、十月《じゅうがつ》も終《お》わりに近《ちか》づいた秋晴《あきば》れの日曜日《にちようび》、ヒロ子《こ》さんは、奈美《なみ》さんと

ハッピーハウスの受付《うけつけ》がある「ふれあいハウス」。

いっしょに、ハッピーハウスへと車《くるま》を走《はし》らせました。

保健所《ほけんじょ》で紹介《しょうかい》された日《ひ》に、とりあえず電話《でんわ》をかけて、今日《きょう》、訪問《ほうもん》することを知《し》らせておいたのです。

里親《さとおや》を希望《きぼう》する人《ひと》は、二時以降《にじいこう》に見学《けんがく》に来《き》てください、ということでした。

ヒロ子《こ》さんのカバンのなかには、隆《たかし》さんに見《み》せるためのデジカメが入《はい》っています。

シロコとの出会《であ》い

遠足気分《えんそくきぶん》で出《で》かけたものの、とちゅうまできて、ヒロ子《こ》さんと奈美《なみ》さんは、とまどいました。

電話《でんわ》で聞《き》いたとおりだと、車《くるま》のすれちがいもできない、山《やま》のなかにつっこんでいくような道《みち》なのです。

「ねえ、奈美《なみ》ちゃん。道《みち》、まちがってるような気《き》がせえへん？」

奈美《なみ》さんは、地図《ちず》とにらめっこ。

「うーん。けど、ほかに道《みち》はないし。電話《でんわ》かけてみようか」

そういいながら、奈美《なみ》さんがカバンから携帯電話《けいたいでんわ》を取《と》りだしたそのときでした。

車《くるま》のなかにひびく軽快《けいかい》な音楽《おんがく》と重《かさ》なって、かすかに犬《いぬ》のほえる声《こえ》が聞《き》こえたような気《き》がしたのです。

「あ、お母《かあ》さん。なんか、今《いま》、犬《いぬ》の声《こえ》、聞《き》こえたような……」

ヒロ子《こ》さんは、すぐに音楽《おんがく》を切《き》り、窓《まど》をあけました。

「ほんと、犬《いぬ》の声《こえ》やわ！　あっ！　あれかな？」

雑木林《ぞうきばやし》のなかを流《なが》れるせせらぎのむこう側《がわ》に、白《しろ》いかべと茶色《ちゃいろ》い板塀《いたべい》がちらっと見《み》えました。犬《いぬ》の声《こえ》はそっちから、いくつものこだまが重《かさ》なるように聞《き》こえてくるのです。

「なんか、別世界《べつせかい》にいくみたい……」

奈美《なみ》さんは、声《こえ》のするほうを見《み》つめたまま、かたい表情《ひょうじょう》で携帯電話《けいたいでんわ》をにぎりしめています。

「ほんと、どんな所《ところ》かしらね。さ、いくよ！」

ヒロ子《こ》さんは、背《せ》すじをぴんとのばして、アクセルをふみました。

小《ちい》さな白《しろ》い橋《はし》をわたって、雑木林《ぞうきばやし》のなかのデコボコ道《みち》を走《はし》っていくと、左手《ひだりて》に広《ひろ》い駐車場《ちゅうしゃじょう》がありました。車《くるま》が何台《なんだい》も止《と》まっています。日曜日《にちようび》だから、お客《きゃく》さんが多《おお》いのでしょう。

ヒロ子《こ》さんと奈美《なみ》さんは車《くるま》をおりて、受付《うけつけ》のある『ふれあいハウス』にむかいました。

とちゅう、左手《ひだりて》にネコ舎《しゃ》がありました。たくさんのネコが丸《まる》くなって、ひなたぼっこをしています。大《おお》きな犬《いぬ》が何匹《なんびき》も、それぞれ犬小屋《いぬごや》に入《はい》って、のんびり昼寝《ひるね》をしているのも、ほほえましくうつりました。

奥《おく》のほうからは、犬《いぬ》のほえる声《こえ》がやかましいほどです。

「お母《かあ》さん、すごいところやねえ」

奈美《なみ》さんが、キョロキョロしながらいいました。

「ほんと。びっくりやわ」

ヒロ子《こ》さんは、足《あし》が止《と》まってしまいました。そんな二人《ふたり》に気《き》がついて、受付《うけつけ》のスタッフがなかから顔《かお》をのぞかせました。

「こんにちは！　見学《けんがく》のかたですか？」

「あ、はい。お電話《でんわ》しました羽藤《はとう》です」

見学者《けんがくしゃ》は、ヒロ子《こ》さんたちを入れて、全部《ぜんぶ》で八人《はちにん》いました。

ふれあいハウスのある平地《へいち》の奥《おく》は、高《たか》いネットフェンスでさえぎられていて、そのむこうに犬舎《けんしゃ》がずらりとならんでいるのが見《み》えます。

「こんにちは。今日《きょう》は見学《けんがく》、ありがとうございます。飼育担当《しいくたんとう》の松本《まつもと》です。じゃあ、これから施設《しせつ》をご案内《あんない》しますので、ついてきてください」

ぼうず頭《あたま》にタオルを巻《ま》いた松本《まつもと》さんが、にっこり笑《わら》ってゲートをあけてくれました。

犬舎《けんしゃ》に近《ちか》づくと、すごい数《かず》の犬《いぬ》たちが、いっせいにほえだします。

「あのワンちゃん、かわいいね」

「うわー、なんかこわい」

「あ、黒《くろ》ラブもいる！」

見学者《けんがくしゃ》は、思《おも》い思《おも》いに声《こえ》をあげました。

松本《まつもと》さんの説明《せつめい》では、ここには捨《す》てられた犬《いぬ》や、のら犬《いぬ》、飼《か》えなくなったからと持《も》ちこまれた犬《いぬ》が、全部《ぜんぶ》で二五〇《にひゃくごじゅっ》匹《ぴき》以上《いじょう》いるそうです。ネコも同《おな》じくらいいて、ほかにもアライグマやニワトリまでいました。

そんななかを、ヒロ子《こ》さんと奈美《なみ》さんは、すっかり圧倒《あっとう》されながら見《み》てまわりました。

そして、いよいよ最後《さいご》の犬舎《けんしゃ》にさしかかったとき、一匹《いっぴき》の白《しろ》い犬《いぬ》がヒロ子《こ》さんの目《め》にとまったのです。

シロコです。

ほえるどころか、犬舎《けんしゃ》のなかからヒロ子《こ》さんにむかってしっぽをふっています。

「奈美《なみ》ちゃん、あの子《こ》、ほら、あの白《しろ》い犬《いぬ》。なんかボブに似《に》てない？」

奈美《なみ》さんの返事《へんじ》は、あっさりしていました。

「全然《ぜんぜん》ちがうやん」

そうかなあ……とつぶやきながら、ヒロ子《こ》さんは、今日《きょう》初《はじ》めてデジカメのシャッターを押《お》しました。

白《しろ》い犬《いぬ》は、首《くび》をかしげてカメラを見《み》ていました。

今度《こんど》はさんぽの時間《じかん》です。

さんぽにいってみたいと思《おも》う犬《いぬ》を告《つ》げると、スタッフが犬舎《けんしゃ》からその犬《いぬ》を連《つ》れてきてくれます。そして、そこから自分《じぶん》たちがリードをにぎって、山道《やまみち》をさんぽするのです。

奈美《なみ》さんはジョンという小柄《こがら》な茶色《ちゃいろ》い犬《いぬ》が気《き》に入ったようでした。

ヒロ子《こ》さんは、あの白《しろ》い犬《いぬ》とさんぽにいくことにしました。

連《つ》れてきたのは、もちろん松本《まつもと》さんです。松本《まつもと》さんは、やさしい笑顔《えがお》でこういいました。

「シロコっていいます。女《おんな》の子《こ》です。皮膚《ひふ》に炎症《えんしょう》があるし、目《め》に膜《まく》がかかっているんで、視力《しりょく》もよくないですけど、性格《せいかく》はすっごくいいですよ」

松本《まつもと》さんは、もう何回《なんかい》もシロコのことをこうして紹介《しょうかい》してきました。すると、たいていの人《ひと》が、

「病気《びょうき》があるんじゃ、ちょっとたいへんですね」

とひいてしまって、ほかの健康《けんこう》な犬《いぬ》を選《えら》びます。松本《まつもと》さんも、病気《びょうき》があるからし

かたがないとあきらめていました。

だから、この人《ひと》も、きっとほかの犬《いぬ》に決《き》めるだろうな、と思《おも》っていたのです。

でも、ヒロ子《こ》さんはこれまでの人《ひと》たちとは、ちがっていました。どうであっても
この犬《いぬ》が好《す》き、といった感《かん》じで、

「こんな人《ひと》なつっこい子《こ》も、めずらしいですね」

と、目《め》を細《ほそ》め、しゃがみこんでシロコの頭《あたま》や体《からだ》をなでています。シロコも長《なが》い舌《した》
でペロペロとヒロ子《こ》さんの手《て》をなめました。

「お母《かあ》さん、先《さき》におさんぽ、いってきまーす」

手《て》をふりながら、奈美《なみ》さんはジョンとさんぽにいきました。そのあとを追《お》うよう
に、ヒロ子《こ》さんもシロコといっしょに歩《ある》きだします。

「あらら。シロコって、アヒルさんみたいな歩《ある》き方《かた》するんやねえ」

ヒロ子《こ》さんがにっこりすると、シロコは止《と》まって、ヒロ子《こ》さんを見《み》あげました。

『あのう。なにかおっしゃいましたか？』

まるで、そう聞《き》いているようなタイミングです。

それから、一人《ひとり》と一匹《いっぴき》は、トットットットッとかけだしました。より道《みち》しながら林《はやし》のなかの坂道《さかみち》をのぼっていきます。

松本《まつもと》さんは、その後《うし》ろすがたを見送《みおく》りながら、なんだか胸《むね》が熱《あつ》くなっていました。

シロコは、もっともっといい名前《なまえ》をもらって、幸《しあわ》せになれるかもしれません。

松本圭司《まつもとけいし》さんとわたし。

里親《さとおや》になります

その夜《よる》。夕食《ゆうしょく》の鍋《なべ》をつつきながら、ヒロ子《こ》さんは、今日《きょう》撮《と》った写真《しゃしん》を隆《たかし》さんに見《み》せました。

「ほら、お父《とう》さん。このワンちゃん、ボブに似《に》てるでしょ」

「どれどれ」

隆《たかし》さんは、しげしげと写真《しゃしん》を見《み》つめています。でも、その答《こた》えは、奈美《なみ》さんと似《に》たりよったりでした。

「そうかなあ。全然《ぜんぜん》ちがうと思《おも》うけどなあ」

すかさず、横《よこ》から奈美《なみ》さんがジョンをすすめました。

「ねえねえ、このジョンはどう？　私《わたし》はジョンがいいな」

　でも、ヒロ子《こ》さんの気持《きも》ちは決《き》まっていました。あのほんわかした雰囲気《ふんいき》のシロコを、とても気《き》に入《い》っていたのです。

「奈美《なみ》ちゃん。私《わたし》、とにかくシロコを第一候補《だいいちこうほ》と思《おも》ってるから。ジョンは第二候補《だいにこうほ》にしてよ」

　ヒロ子《こ》さんは強気《つよき》です。

「世話《せわ》をするのは、お母《かあ》さんやからなあ」

　隆《たかし》さんがいいました。奈美《なみ》さんも、働《はたら》いていて世話《せわ》ができないから、ヒロ子《こ》さんにゆずりました。

「うん、わかった。お母《かあ》さんのいうとおりにする」

　ヒロ子《こ》さんは、おはしをおいて、二人《ふたり》に手《て》を合《あ》わせました。

「ありがとう」

　ヒロ子《こ》さんは急《きゅう》にはりきりだしました。うでまくりをして、パクパク食《た》べます。

「ああ、白菜《はくさい》がおいしいわあ。そうそう、今度《こんど》は、お父《とう》さんもいっしょにいってちょうだいね。家族全員《かぞくぜんいん》が賛成《さんせい》しないと、里親《さとおや》になれないらしいから」

隆《たかし》さんは肩《かた》をすくめてから、お肉《にく》をぱくりと口《くち》にほうりこみました。


そうして次《つぎ》の日曜日《にちようび》、家族《かぞく》はそろってハッピーハウスにいきました。

そこで初《はじ》めて、ヒロ子《こ》さんは里親《さとおや》になるための申込書《もうしこみしょ》を書《か》いたのです。申込書《もうしこみしょ》には、いろんな細《こま》かい質問《しつもん》が書《か》かれていました。

『家《いえ》は一戸建《いっこだ》てですか？　集合住宅《しゅうごうじゅうたく》（マンション・アパートなど）ですか？』

『賃貸住宅《ちんたいじゅうたく》や集合住宅《しゅうごうじゅうたく》の場合《ばあい》、ペットの飼育《しいく》は契約上《けいやくじょう》、許可《きょか》されていますか？』

『家族《かぞく》に反対《はんたい》している人《ひと》はいませんか？』

『アレルギーなどを持《も》っている家族《かぞく》はいませんか？』

『過去《かこ》に飼育経験《しいくけいけん》はありますか？』……などなど。

そして、最後《さいご》にこう書《か》かれていました。

『どんな困難《こんなん》がおきても、家族《かぞく》の一員《いちいん》として最後《さいご》までいっしょにいてあげることはできますか』

ヒロ子《こ》さんは、その文字《もじ》を目《め》で追《お》いながら、『はい』と心《こころ》のなかで返事《へんじ》していました。


申込書《もうしこみしょ》の説明《せつめい》に続《つづ》いて、受付《うけつけ》のスタッフがいいました。

「うちでは、里親《さとおや》になる動物《どうぶつ》を決定《けってい》されても、連《つ》れて帰《かえ》ることはできません。後日《ごじつ》、こちらから連《つ》れていきます」

ヒロ子《こ》さんは、思《おも》わず聞《き》き直《なお》しました。

「あら。連《つ》れて帰《かえ》ることはできないんですか？」

ヒロ子《こ》さんは、自分《じぶん》が決《き》めたら連《つ》れて帰《かえ》れると思《おも》いこんでいたのです。受付《うけつけ》のスタッフが、ていねいに説明《せつめい》しました。

「すみません。ここにいる動物《どうぶつ》は、一度《いちど》はつらい目《め》にあってきた子《こ》ばかりなんで、かんたんに飼《か》ってもらって、またかんたんに『飼《か》えなくなりました』で返《かえ》されたら、ひどく傷《きず》つくんです。飼《か》えなくなる理由《りゆう》で多《おお》いのが、住宅事情《じゅうたくじじょう》なもんで、こちらが連《つ》れていって、申込書《もうしこみしょ》の内容《ないよう》とちがわないことを確認《かくにん》してから犬《いぬ》をおわたしする、というのを原則《げんそく》としています。どうかご理解《りかい》ください」

申込書《もうしこみしょ》を受《う》けつけてもらったあと、シロコをもっとよく知《し》るために、家族《かぞく》でさんぽをしました。

隆《たかし》さんは車《くるま》イスなので、身障者用《しんしょうしゃよう》の設備《せつび》がないハッピーハウスには、あまりいきませんでしたが、ヒロ子《こ》さんと奈美《なみ》さんは、それから何回《なんかい》もシロコをたずねました。

もともと人《ひと》なつっこいシロコは、ヒロ子《こ》さんと奈美《なみ》さんがいくたびに大喜《おおよろこ》び。でも、あいかわらずアヒルのようにしか歩《ある》けないし、前足《まえあし》の皮膚《ひふ》の炎症《えんしょう》もあります。目《め》の膜《まく》もかかったままで、すっきりした丸《まる》い目《め》ではありません。

隆《たかし》さんと奈美《なみ》さんにとって、シロコの病気《びょうき》は気《き》になるところでした。スタッフにいろいろ質問《しつもん》し、ほかの犬《いぬ》も何匹《なんびき》か見《み》せてもらいました。

「病気《びょうき》がちゃったら、お母《かあ》さん、たいへんやから、ほかの犬《いぬ》にしたらどうや？」

隆《たかし》さんは、ボブの死《し》を思《おも》い出《だ》して、そうすすめましたが、ヒロ子《こ》さんはほかの犬《いぬ》には目《め》もくれません。ヒロ子《こ》さんの心《こころ》はシロコだけにむいていたのです。

結局《けっきょく》、家族《かぞく》がシロコの里親《さとおや》になることを決《き》めたときには、季節《きせつ》はうつって、もう十二月《じゅうにがつ》。

ハッピーハウスのまわりの木々《きぎ》も、すっかり葉《は》を落《お》として、風《かぜ》が吹《ふ》くと、寒《さむ》そうにゆれていました。

ようこそ、ちろ

とうとう二〇〇二年《にせんにねん》の大晦日《おおみそか》がやってきました。

この日《ひ》、羽藤《はとう》さん一家《いっか》は大《おお》いそがしです。なにしろ、まちにまったシロコが、今日《きょう》の夕方《ゆうがた》やってくるというのですから。

なかでも、ヒロ子《こ》さんはとくべつソワソワしていました。

「お母《かあ》さん、落《お》ち着《つ》きや」

隆《たかし》さんが、玄関《げんかん》とキッチンをいったり来《き》たりするヒロ子《こ》さんに、声《こえ》をかけました。

「え、わかってるよ。落《お》ち着《つ》いてるよ」

そうこたえながら、今度《こんど》は時計《とけい》とにらめっこ。

「あらー、もう七時《しちじ》やん。おそいねえ。年越《としこ》しソバ、用意《ようい》せなあかんし。ああ、落《お》ち着《つ》かへんわ」

テーブルには、ごちそうがならんでいます。

シロコが来《き》たら、みんなでカンパイして、にぎやかに食《た》べようと思《おも》っていたのに、ずっとオアズケなのです。

「しかたない。とりあえず、食事《しょくじ》をしながらまつことにするか」

隆《たかし》さんが、冷蔵庫《れいぞうこ》からビールを出《だ》してきました。

「おーい、奈美《なみ》！」

二階《にかい》から「はーい」と返事《へんじ》が聞《き》こえました。自分《じぶん》の部屋《へや》を片《かた》づけていた奈美《なみ》さんが、軽《かる》い足《あし》どりで、階段《かいだん》をおりてきます。

「シロコ、おそいよねー。お母《かあ》さん、まちくたびれたでしょ。ああ、おなかすいた！」

目《め》の前《まえ》の冷《さ》めてしまったカラアゲをつまみ食《ぐ》いしながら、奈美《なみ》さんは、隆《たかし》さんとならんで席《せき》につきました。

「ああ、もう八時《はちじ》。はぁー」

ため息《いき》をつきながら、ヒロ子《こ》さんが席《せき》についたそのとき、
ピンポーン。

玄関《げんかん》のインターホンがなりました。

「あ！　来《き》た！」

ヒロ子《こ》さんと奈美《なみ》さんが玄関《げんかん》に走《はし》りました。

ヒロ子《こ》さんが玄関《げんかん》のドアをあけると、ハッピーハウスの山本愛《やまもとあい》さんとシロコがならんで立《た》っていました。

「おそくなってすみません！」

山本《やまもと》さんは、深々《ふかぶか》と頭《あたま》をさげました。

「いえいえ、おそくまでごくろうさまです。どうぞ、あがってください。あ、シロ

ちゃんもいっしょにね」

ヒロ子《こ》さんは、ボブ同様《どうよう》、シロコを家《いえ》のなかで飼《か》うつもりです。

でも、シロコはちょっとかたくなっていました。一年以上《いちねんいじょう》ハッピーハウスにいたので、知《し》らない家《いえ》に入《はい》るのがこわいようです。

「さ、シロちゃん。今日《きょう》から、ここでいっしょにくらすんよ。どうぞ」

ヒロ子《こ》さんがうながして、シロコは山本《やまもと》さんにリードを引《ひ》かれ、そろそろとリビングに入《はい》りました。ところが、奥《おく》から車《くるま》イスの隆《たかし》さんが、「こんばんは」と出《で》てきたとたん、ものすごくこわがったのです。

隆《たかし》さんがすわっている車《くるま》イスの、タイヤの高《たか》さがシロコより高《たか》いからでしょうか。

『な、なんや、これっ！』

といったふうに、びっくりしてかたまっています。

車《くるま》イスが動《うご》けばにげ、隆《たかし》さんが手《て》を出《だ》しても、近《ちか》よりません。

「え、え、え……」

さすがに隆《たかし》さんはショックをかくしきれませんでした。

ヒロ子《こ》さんが、そんなようすを見《み》て、「だいじょうぶでしょうか」と、山本《やまもと》さんにたずねました。

「ご主人《しゅじん》じゃなくて、車《くるま》イスがこわいだけなんで、そのうち、なれてくると思《おも》いますよ」

山本《やまもと》さんも、隆《たかし》さんを気《き》づかいながらこたえました。

おそらく、今《いま》の段階《だんかい》では、隆《たかし》さんと車《くるま》イスが一《ひと》つのものとしてシロコにはうつっているでしょう。車《くるま》イスがこわいものでないとわかったら、人《ひと》が大好《だいす》きなシロコのこと。隆《たかし》さんには、すぐになれると自信《じしん》がありました。

少《すこ》しシロコが落《お》ち着《つ》いたのを見《み》て、山本《やまもと》さんはシロコのことを念《ねん》をおすように説《せつ》明《めい》しました。

「もうご存《ぞん》じだと思《おも》いますけど、シロコは目《め》が悪《わる》くて、はっきり見《み》えないみたいですし、アヒル歩《ある》きの足《あし》も原因《げんいん》がわかりません。こんな状態《じょうたい》なので、正直《しょうじき》、完全《かんぜん》に治《なお》ることはありませんし、今《いま》よりましになるという見込《みこ》みもないと思《おも》います。ほんとうにシロコでよろしかったですか？」

みんな、いっせいにうなずきました。

「はい、ちゃんと世話《せわ》をして、大切《たいせつ》にします」

代表《だいひょう》して、隆《たかし》さんがいいました。

山本《やまもと》さんは思《おも》いました。

――ご主人《しゅじん》が車《くるま》イスでくらしてはる。そんな障害《しょうがい》のある人《ひと》といっしょにくらしてきた家族《かぞく》は、健康《けんこう》な家族《かぞく》だけでくらしている人《ひと》にはわからない、細《こま》やかなやさしさがあるような気《き》がする。シロコは一〇〇《ひゃく》パーセント健康《けんこう》な状態《じょうたい》じゃないし、これから一生《いっしょう》、よくなることがなくても、こんな温《あたた》かい家族《かぞく》なら、きっとうまくやってくれはるわ。こんなやさしい人《ひと》たちやから、シロコを選《えら》んでくれたのかな。

シロコは幸《しあわ》せになれると感《かん》じて、山本《やまもと》さんは安心《あんしん》して帰《かえ》ることにしました。

「じゃあ、私《わたし》、ここで失礼《しつれい》します。まだ仕事《しごと》が残《のこ》ってるんで」

「遠慮《えんりょ》しないで、どうぞゆっくりしていってください」

引《ひ》き止《と》めましたが、山本《やまもと》さんはいそがしいようです。結局《けっきょく》、

「羽藤《はとう》さん、なにかあったら、いつでも連絡《れんらく》くださいね。じゃ、シロコをどうぞよろしくおねがいします。じゃあね、シロコ。幸《しあわ》せになりや！」

そういいながら小《ちい》さく手《て》をふって、玄関《げんかん》ドアから出《で》ていきました。

部屋《へや》のなかにもどると、つけっぱなしだったテレビには、着《き》かざった歌手《かしゅ》が映《うつ》っ

ていました。

でも羽藤家《はとうけ》の三人《さんにん》は、もうだれもテレビを見《み》ていません。

ヒロ子《こ》さんがシロコのおやつをとりにいきました。

「だいじょうぶやからね。よしよし」

奈美《なみ》さんがシロコの頭《あたま》をなでました。その横《よこ》で、隆《たかし》さんはちょっぴりさびしく思《おも》いながら、遠目《とおめ》にシロコをながめています。

でも、山本《やまもと》さんが帰《かえ》ったあとからずっと、ヒロ子《こ》さんと奈美《なみ》さんがいくらなでても、おやつをあげても、シロコはかべにくっついたまま、しょんぼりしていました。

「ぼくがいやなんかなあ」

隆《たかし》さんは、なさけない顔《かお》をして、ぽそりとつぶやきました。

「ちがう、ちがう。まだ家《いえ》になれてないだけやん。お父《とう》さん、すねたらあかんよ」

奈美《なみ》さんが、まるで子《こ》どもをさとすように、やさしくはげましました。

『なれるまで、そっとしておこう』

みんなの意見《いけん》は同《おな》じでした。とりあえず食事《しょくじ》をしないと、おなかがペコペコです。でも、ごはんを食《た》べていても、ヒロ子《こ》さんは、シロコのことが頭《あたま》からはなれません。目《め》は、ちらちらとシロコのほうばかりにむいてしまいます。

――どうしたら、早《はや》くなれてくれるかなあ。

ふと、ひらめきました。

――そうや。もっとかわいい名前《なまえ》をつけてあげよう。

もともとは、「ずっとシロコとよばれていたのなら、シロコでいい」と話《はな》し合《あ》っていたのです。でも、大晦日《おおみそか》の今日《きょう》、家族《かぞく》になったのを記念《きねん》して、新《あたら》しい年《とし》を新《あたら》しい名前《なまえ》で迎《むか》えさせてあげたくなりました。

「ねえ、やっぱり、シロコよりもっとかわいい名前《なまえ》つけてやろうよ」

「うんうん。賛成《さんせい》!」

奈美《なみ》さんがすぐに手《て》をあげました。隆《たかし》さんもほほえんでいます。

「私《わたし》、いわさきちひろ（有名《ゆうめい》な画家《がか》）が好《す》きやから、ちひろにしようかな」

ヒロ子《こ》さんがいいました。

「けど、ちひろって人間《にんげん》みたいやし、よびにくいなあ」

隆《たかし》さんが意見《いけん》しました。奈美《なみ》さんはシャープペンシルをにぎって、紙《かみ》に『ちひろ』と書《か》いています。

「あ、ちひろって、お母《かあ》さんの名前《なまえ》の『ひろ』が入《はい》ってるんや」

「そういえばそうやね！　よし、決《き》めた。私《わたし》は『ヒロ』で、ちひろさんの名前《なまえ》の二《ふた》文字《もじ》あるから、この子《こ》は『ち・ろ』の二文字《ふたもじ》をもらおう。『ちろ』はひらがなにするわ」

「なになに。ちひろに、ヒロ子《こ》に、ちろか。ちひろ、ヒロ子《こ》、ちろ。ちひろ、ヒロ子《こ》、ちろ。おお、早口言葉《はやくちことば》にできるで」

隆《たかし》さんも気《き》をとりなおしたのでしょう。いつもの倍《ばい》くらい大《おお》きな口《くち》をあけて笑《わら》いました。

そんなわけで、この犬《いぬ》の名前《なまえ》は、今日《きょう》から、『ちろ』。

新《あたら》しい名前《なまえ》が決《き》まって、みんながその名前《なまえ》でよびました。

「ちろ！」

「ちろちゃん！」

ちろは、自分《じぶん》の名前《なまえ》のことで、みんながもりあがっているとは知《し》りません。

今《いま》もうなだれたまま、じっとしています。ごちそうのにおいをかいで、鼻《はな》だけがひくひくと動《うご》いていました。

新《あたら》しい年《とし》、二〇〇三年《にせんさんねん》は、もうそこまで来《き》ています。

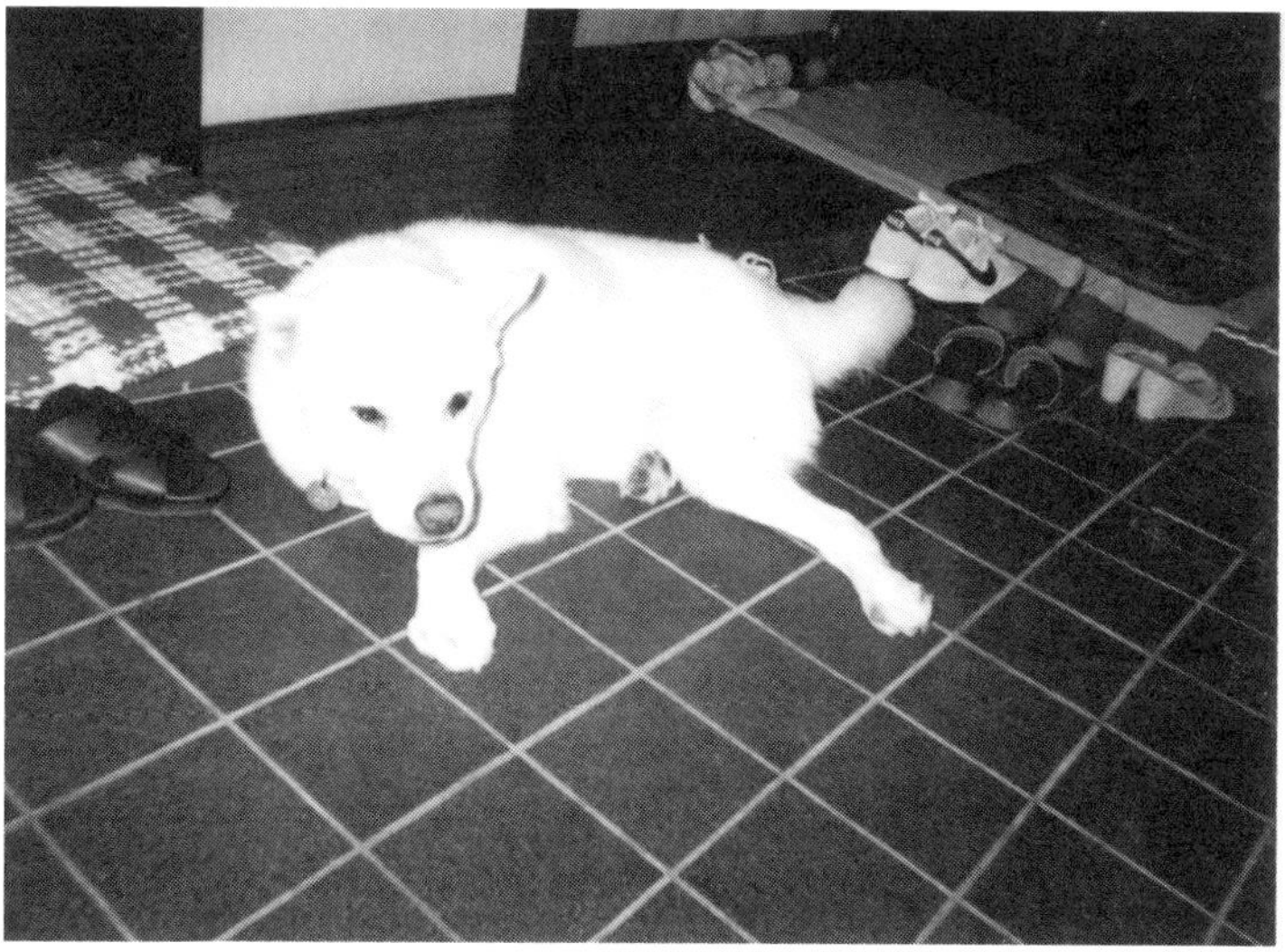

わたしのなまえは「ちろ」になりました。よろしくね。

幸《しあわ》せな日々《ひび》

「あけましておめでとう！」

「おめでとう！」

お正月《しょうがつ》のあいさつが、明《あか》るくひびく家《いえ》のなかで、ちろは、あいかわらずかべにくっついて、オスワリしていました。どこかさびしそうです。きっと、長《なが》いあいだかわいがってくれた松本《まつもと》さんや山本《やまもと》さんが、そしてハッピーハウスがなつかしいのでしょう。

隆《たかし》さんや奈美《なみ》さんも、「ちろ、おいで！」「ちろちゃん！　ほら、こっちこっち」と、よんでくれます。でも、名前《なまえ》にもまだなれていないからでしょうか、きょとんと首《くび》をかしげては、大《おお》きなため息《いき》をついて、しらん顔《かお》をします。

それでも、ヒロ子《こ》さんとおさんぽにいったり、ごはんやおやつをもらっているうちに、

『どうやら、ここの家族《かぞく》になったらしい』

と思《おも》ったようです。三日目《みっかめ》には、家《いえ》のなかをうろうろと探検《たんけん》しはじめました。

そしてなにより、隆《たかし》さんの車《くるま》イスにもなれたのか、こわがらなくなったのです。

ちろを初《はじ》めてなでたとき、隆《たかし》さんは、

「ほらな。お父《とう》さん、ちっともこわいことないやろ？　こわがらんといてや」

ちろの顔色《かおいろ》をうかがいながら、たのみごとをするように話《はな》しかけました。ちろは、そんな隆《たかし》さんを大《おお》まじめな顔《かお》で見《み》つめていたのですが、気持《きも》ちが通《つう》じたのでしょうか。それからは、隆《たかし》さんの足《あし》もとにでも、平気《へいき》で寝《ね》ころがるようになりました。

そんなある日《ひ》。

「ほら、ちろちゃん。新《あたら》しい首輪《くびわ》を買《か》ってきたよ」

ヒロ子《こ》さんが、ちろに赤《あか》い首輪《くびわ》をプレゼントしました。ちろの白《しろ》いからだに、赤《あか》い首輪《くびわ》はとてもよく似合《にあ》います。首輪《くびわ》には、メタルのまいごふだもつけられていました。

「もうどこにもいったらあかんのよ」

ヒロ子《こ》さんがしゃがんで、ちろの首《くび》をぎゅっとだきしめました。ちろはうれしそうに、しっぽを大《おお》きくふり、長《なが》い舌《した》で、ヒロ子《こ》さんの鼻《はな》の頭《あたま》をペロッとなめました。

冬《ふゆ》のあいだは、リビングにコタツが出《だ》してありました。

ヒロ子《こ》さんはコタツが大好《だいす》きなのです。だから、ちろも、いつもそのまわりにいました。

ヒロ子《こ》さんがコタツで寝《ね》ていたら、ちろもそばでおなかを出《だ》して、ごろんと寝《ね》ころがります。後《うし》ろから見《み》たら、人《ひと》がすわっているように、背中《せなか》を丸《まる》くして、オスワリして入《はい》っていることもありました。

ヒロ子《こ》さんが留守《るす》のときには、いつもヒロ子《こ》さんがすわっている場所《ばしょ》に、ちろはちゃっかりすわっています。

「なんや、ちろ。お母《かあ》さんとまちがえるがな」

隆《たかし》さんは、廊下《ろうか》から部屋《へや》に入《はい》ってくるたびに、ちろの背中《せなか》がヒロ子《こ》さんの背中《せなか》に見《み》えて、大笑《おおわら》いしてしまいます。

ほとんど家《いえ》にいない奈美《なみ》さんをのぞくと、家《いえ》のなかで、隆《たかし》さんとちろは、なんとなく兄《あに》と妹《いもうと》のような感覚《かんかく》でした。もちろん、ヒロ子《こ》さんがお母《かあ》さんです。

隆《たかし》さんはこの前《まえ》、ヒロ子《こ》さんが留守《るす》のとき、冷蔵庫《れいぞうこ》にあったお肉《にく》を自分《じぶん》で焼《や》いて食《た》べ、帰《かえ》ってきたヒロ子《こ》さんに、しかられてしまいました。

「お父《とう》さん！　あのお肉《にく》はちろちゃんのよ！　食《た》べたらあかんやん！」

「おいおい。ちろとぼくとどっちが大事《だいじ》なんや？」

隆《たかし》さんは、じょうだんまじりに聞《き》いてみました。

「もちろん！　ちろちゃんに決《き》まってるでしょ！」

ヒロ子《こ》さんがすぐにそう答《こた》えたので、隆《たかし》さんは、ずっこけるまねをしました。

「ショック」

それを見《み》てヒロ子《こ》さんがケラケラ笑《わら》いました。隆《たかし》さんも笑《わら》っています。二人《ふたり》とも、ちろのおかげで笑《わら》う時間《じかん》がずいぶんふえました。

隆《たかし》さんは、ちろが来《き》て、しみじみわかったことがあります。

事故以来《じこいらい》、ヒロ子《こ》さんは、いつも隆《たかし》さんを一番《いちばん》に気《き》にかけてくれていました。そして、隆《たかし》さんは、自分《じぶん》のことだけで精一杯《せいいっぱい》の毎日《まいにち》でした。大好《だいす》きだったボブでさえ、隆《たかし》さんは世話《せわ》をしたことはありません。ボブがそばにいてくれると、精神的《せいしんてき》にも肉《にく》体的《たいてき》にも傷《きず》ついた隆《たかし》さんの心《こころ》が、なぐさめられたというだけなのです。

そんなふうに、人《ひと》にも、犬《いぬ》にも、あたえてもらうばかりの生活《せいかつ》が、あたりまえのことになっていました。

でも、隆《たかし》さん自身《じしん》、気《き》づかないうちに、自分《じぶん》の不自由《ふじゆう》な状態《じょうたい》を不幸《ふこう》だと思《おも》わなくなっていました。今《いま》はヒロ子《こ》さんを気《き》づかい、ちろを愛《いと》しく思《おも》う心《こころ》の余裕《よゆう》があります。

隆《たかし》さんにとって、それはうれしい発見《はっけん》でした。

ちろが家《いえ》のなかでぬくぬくとすごしているうちに、きびしい寒《さむ》さもとうげを越《こ》えました。

ヒロ子《こ》さんはコタツを片《かた》づけ、あけはなしたテラスからは、春《はる》のにおいが風《かぜ》にのって入《はい》ってきます。

日差《ひざ》しはぽかぽかと気持《きも》ちよく、ちろは、ヒロ子《こ》さんが玄関先《げんかんさき》の鉢植《はちう》えに水《みず》をやっているそばで、ごろんとねころがってひなたぼっこをするようになりました。

それを見《み》ているヒロ子《こ》さんの心《こころ》まで、ほのぼのとした幸《しあわ》せにつつまれます。

「ちろちゃん、水《みず》やりがすんだら、おさんぽにいこうね」

ちろは、おさんぽと聞《き》くと、急《きゅう》にしゃきっと背中《せなか》をのばしてオスワリします。せっせとしっぽをふって、リードをつけてもらうのをまっています。

そんなときに見《み》せる口《くち》を少《すこ》しあけた顔《かお》は、まるで笑《わら》っているようで、ヒロ子《こ》さんもほほえまずにはいられません。

おさんぽに出《で》かけるときは、たいがい通学時間《つうがくじかん》と重《かさ》なっていました。だから、歩《ある》いていると小学校《しょうがっこう》に通《かよ》う近所《きんじょ》の子《こ》どもたちが何人《なんにん》もよってきて、

「ちろちゃーん」「ちろちゃーん」

ほおずりしては、手《て》をふって別《わか》れていきます。ちろは、なごりおしそうにしっぽをふりながら、見送《みおく》っています。

――こんなくらしが、ずっと続《つづ》きますように。

そよ風《かぜ》のなかをペタペタ歩《ある》くちろを見《み》ながら、ヒロ子《こ》さんはいつもそう祈《いの》っていました。

そのころ、隆《たかし》さんと奈美《なみ》さんはもちろん、ヒロ子《こ》さんもパートで仕事《しごと》に出《で》ていました。時間《じかん》は長《なが》くありませんが、そのあいだ、ちろはお留守番《るすばん》です。

ヒロ子《こ》さんは、ちろをとても大切《たいせつ》にしました。そのぶん、ちろは甘《あま》えんぼうになったのでしょう。

ある日《ひ》、ヒロ子《こ》さんが仕事《しごと》から帰《かえ》ってリビングに入《はい》っていくと、こげ茶色《ちゃいろ》の柱《はしら》の下《した》のほうが、三十《さんじゅっ》センチくらい、かじられているのを見《み》つけました。

お留守番《るすばん》がいやで、わざとかじったのにちがいありません。

「あっ！　こら、ちろ！　こっちに来《き》なさい！」

ヒロ子《こ》さんは、ちろをきつい口調《くちょう》でよびつけました。

ちろはしらかれるのがわかっているようです。耳《みみ》をさげ、すごすごと、いかにも申《もう》し訳《わけ》なさそうにやってきました。そして、いわれる前《まえ》にもう『ふせ』をして、うなだれています。

ヒロ子《こ》さんは、思《おも》わず笑《わら》ってしまいました。

「ちろちゃん。まだおうちが新《あたら》しいんやから、かじらんといてね。今度《こんど》かじったら……んんん……どうしようかな？」

ちろの顔《かお》を見《み》ていると、しかる言葉《ことば》も思《おも》いつきません。しかたなく、「だめよ」と、鼻先《はなさき》を指《ゆび》ではじいたら、ちろがその指《ゆび》をぱくっとくわえて、ペロペロなめました。

柱《はしら》をかじって、お母《かあ》さんにしかられてしまいました。

そのときふと気《き》になりました。ちろの腰《こし》から後《うし》ろ足《あし》にかけて、なんとなくやせたように見《み》えます。

「ごはん、よく食《た》べるのにね。まだ足《た》らないんかな？　ちろちゃん、しっかり食《た》べて、元気《げんき》でいてよね」

ヒロ子《こ》さんにとって、ちろは、かけがえのない存在《そんざい》になっていました。

病魔《びょうま》がおそう

それから、数ヵ月《すうかげつ》たった夏《なつ》のある日《ひ》のこと。リビングにいたちろが、突然《とつぜん》、ドタッとたおれました。舌《した》がむらさき色《いろ》です。

ヒロ子《こ》さんは、ボブがなくなったときのことを思《おも》い出《だ》して、ぞっとしました。

「ちろ！　ちろ！」

ヒロ子《こ》さんが必死《ひっし》によびかけて、ちろの意識《いしき》はなんとかもどりました。でもたおれたまま、おきることができません。

「お父《とう》さん！　私《わたし》、病院《びょういん》に連《つ》れていくわ！」

その日《ひ》は日曜日《にちようび》です。近《ちか》くの動物病院《どうぶつびょういん》は休診日《きゅうしんび》。隆《たかし》さんは、急《いそ》いであいている動《どう》物病院《ぶつびょういん》を探《さが》して、電話《でんわ》をかけました。そのあいだに、ヒロ子《こ》さんと奈美《なみ》さんは、二《ふた》人《り》でちろをかかえて車《くるま》に乗《の》せます。そして、隆《たかし》さんの「オッケーや！」という合図《あいず》とともに、ヒロ子《こ》さんはその病院《びょういん》へと走《はし》りました。

病院《びょういん》の先生《せんせい》は、診察《しんさつ》してすぐ、ちろを酸素室《さんそしつ》に入《い》れました。

「左心房《さしんぼう》の弁《べん》のしまりが悪《わる》くて、血液《けつえき》が逆流《ぎゃくりゅう》していたようですね。ちょっとようすをみましょう。助《たす》かるかどうか、なんともいえない状況《じょうきょう》です」

ヒロ子《こ》さんのくちびるはふるえていました。たずねたいことがいっぱいあるのに、うまく言葉《ことば》にできません。

「先生《せんせい》。どうか、ちろを、ちろを、助《たす》けてやって、ください」

切《き》れ切《ぎ》れに、ようやくそれだけいいました。まばたきするたびに涙《なみだ》が流《なが》れて、ほおをつたいます。

ヒロ子《こ》さんが隆《たかし》さんに電話《でんわ》をかけると、隆《たかし》さんが力強《ちからづよ》くいいました。

「だいじょうぶや。ちろはきっと助《たす》かる。ぼくらがそれを信《しん》じてたら、だいじょうぶなんや」

ヒロ子《こ》さんは、強《つよ》くうなずきました。ちろの生命力《せいめいりょく》を信《しん》じようと思《おも》いました。

そして、その二日後《ふつかご》。

ちろは家族《かぞく》のねがいどおり、無事《ぶじ》に退院《たいいん》することができたのです。

でも、それが引《ひ》き金《がね》になったのでしょうか。

入院《にゅういん》さわぎから一ヵ月《いっかげつ》ほどすぎたころ、ちろは、後《うし》ろ足《あし》を少《すこ》し引《ひ》きずるようになりました。

――どうしたんかしら……。

ケガをしたわけでもないし、年齢《ねんれい》もまだ三歳前後《さんさいぜんご》で、足《あし》が弱《よわ》るはずもありません。

思《おも》いあたることといえば、最近《さいきん》、おしりのまわりがやせたように感《かん》じていたことです。

とりあえず、フローリングの床《ゆか》は足《あし》によくないと聞《き》いたので、急《いそ》いでパネル式《しき》のカーペットをしきつめました。サプリメントがきくといわれたら、それを飲《の》ませました。

そんなふうに、できるだけのことをしてみましたが、ちろの後《うし》ろ足《あし》は少《すこ》しずつ悪《わる》くなっていきます。

隆《たかし》さんとヒロ子《こ》さんは、いろんな獣医師《じゅういし》さんをたずねました。でも、どこにいっても、「これは、もう治《なお》りませんね」といわれます。

関節《かんせつ》に水《みず》や血《ち》がたまって、ふくらみができる病気《びょうき》で、治療《ちりょう》の方法《ほうほう》もない、そのうち歩《ある》けなくなるかもしれない、と聞《き》いたときには、二人《ふたり》とも目《め》の前《まえ》が真《ま》っ暗《くら》になりました。

「ぼくが歩《ある》かれへんのに、犬《いぬ》までそうなったら、ヒロ子《こ》はたいへんや。こまったなあ。奈美《なみ》は仕事《しごと》がいそがしいから、あんまりあてにならんしなあ」

隆《たかし》さんが、つらそうにいいました。

ヒロ子《こ》さんは、とほうにくれて、毎日《まいにち》ため息《いき》ばかりついていました。そして、思《おも》いあまって、ハッピーハウスに電話《でんわ》をかけました。どうしたらいいのか、相談《そうだん》したかったのです。

電話口《でんわぐち》のスタッフは、ちろの状態《じょうたい》に驚《おどろ》いたようでした。

「羽藤《はとう》さん、たいへんな思《おも》いをさせてすみません。せっかく飼《か》っていただいて、このままでは世話《せわ》をするために飼《か》われたようなことになってしまいます。それではあまりにも申《もう》し訳《わけ》ないので、ちろちゃんの世話《せわ》はこちらにまかせて、どうぞほかの健《けん》康《こう》な犬《いぬ》を飼《か》ってやってください」

思《おも》いがけない言葉《ことば》でした。

でも、ヒロ子《こ》さんは、そういわれたことで、自分《じぶん》の気持《きも》ちがはっきりしたのです。

——弱《よわ》っているちろを手《て》ばなすなんて、ぜったいにできない……。

だから、感謝《かんしゃ》しながらも、きっぱりことわりました。

「ありがとうございます。でも、最初書《さいしょか》いた里親申込書《さとおやもうしこみしょ》にありましたよね。『どんな困難《こんなん》がおきても、家族《かぞく》の一員《いちいん》として最後《さいご》までいっしょにいてあげることはできますか』って。私《わたし》、あの文章《ぶんしょう》をしっかり読《よ》みました。そうするって心《こころ》に決《き》めたから、ちろを引《ひ》き取《と》ったんです。ちろは私《わたし》の大切《たいせつ》な家族《かぞく》です」

それからしばらく、ヒロ子《こ》さんは不安《ふあん》に思《おも》っているいろんなことについて、アドバイスをもらいました。それだけでも肩《かた》の力《ちから》がぬけて、ラクになっていくのがわかります。

「できることは協力《きょうりょく》しますので、いつでもご相談《そうだん》くださいね」

「ありがとうございます。またよろしくおねがいします」

最後《さいご》にそう言葉《ことば》をかわして電話《でんわ》を切《き》ったときでした。電話《でんわ》が終《お》わるのをじっとまっていたのでしょうか、それまで部屋《へや》のすみで寝《ね》ていたちろが、むっくりおきあがって、よたよたとヒロ子《こ》さんのほうに歩《ある》いてきたのです。

足《あし》を引《ひ》きずりながら、一歩《いっぽ》、また一歩《いっぽ》……。

自分《じぶん》のところへと、必死《ひっし》に足《あし》を運《はこ》ぶちろのすがたを見《み》て、ヒロ子《こ》さんは、ハッとしました。

——痛《いた》いはずやのに、ちろは私《わたし》のそばに来《こ》ようと一生懸命《いっしょうけんめい》や。私《わたし》も、くよくよなんてしてられへんわ。

ボブは、あっという間《ま》に死《し》んでしまいました。

——あのとき、なにもしてあげられなかったぶん、ちろにしてあげよう。

そう思《おも》いました。

「ちろ！　お母《かあ》さんがついてるからね！　いっしょにがんばろうね！」
がんばろうね、がんばろうね。
ヒロ子《こ》さんは自分《じぶん》にむけて、そうくりかえしながら、ちろを強《つよ》くだきしめました。
ちろは後《うし》ろ足《あし》からくずれるようにヒロ子《こ》さんのうでのなかにたおれます。そして
ヒロ子《こ》さんの顔《かお》を、長《なが》い舌《した》で何度《なんど》も何度《なんど》もなめています。
ヒロ子《こ》さんの涙《なみだ》も、ペロッとひとなめしてしまいました。
もう、泣《な》いてなんかいられません。

ちろちゃん、がんばれ

ちろが羽藤家《はとうけ》にきて、ようやく一年《いちねん》になろうとしていました。

今《いま》では、ちろは後《うし》ろ足《あし》を重《おも》く引《ひ》きずるようになっていて、以前《いぜん》はペタペタと歩《ある》いていたのが、ベタッベタッと、ハンコをつくような歩《ある》き方《かた》になっています。

外《そと》はこがらしがビュービュー吹《ふ》きつけて、朝晩《あさばん》はぐんと冷《ひ》えこむようになりました。

足《あし》の痛《いた》そうなちろのために、ヒロ子《こ》さんは暖《あたた》かい時間《じかん》をみはからって、おさんぽに連《つ》れていきます。気温《きおん》の低《ひく》い時間帯《じかんたい》は、ちろの動《うご》きがよくないからです。

「さ、ちろちゃん。お天気《てんき》いいし。おさんぽにいこうか」

昼《ひる》さがりの暖《あたた》かい時間《じかん》になって、ヒロ子《こ》さんがそう声《こえ》をかけると、グーグー寝《ね》ていたちろは、ふっと顔《かお》をあげて、もぞもぞとおきあがりました。

さんぽは今《いま》でも大好《だいす》きです。

もちろん、さんぽに出《で》ても、思《おも》うようには進《すす》めません。カメのようなスピードに合《あ》わせて、ヒロ子《こ》さんもゆっくり歩《ある》いていきます。

でも、毎日《まいにち》、こうしてさんぽをしていると、楽《たの》しいことにいっぱい出会《であ》えます。郵便配達《ゆうびんはいたつ》のおじさんが、「こんにちはー、ちろちゃん、がんばるね！」と、バイクを止《と》めてほほえんでくれます。なかよしの犬友《いぬとも》だちもよってきて、おたがいにクンクンにおいをかぎながら、じゃれあいます。

今日《きょう》も、やっとのことで歩《ある》いているちろを見《み》て、学校帰《がっこうがえ》りの小学生《しょうがくせい》が、

「ちろちゃん、がんばれー」

「ちろちゃん、よいしょ、よいしょ」

そういって、応援《おうえん》してくれました。ちろは、膜《まく》のかかった小《ちい》さな目《め》を声《こえ》のするほうにむけ、そよそよとしっぽをふります。

「ありがとうねー」

ヒロ子《こ》さんも、子《こ》どもたちの後《うし》ろすがたに手《て》をふって、ほがらかにお礼《れい》をいいます。

こうしていろんな人《ひと》や犬《いぬ》とふれあうのは、ちろにとっても、ヒロ子《こ》さんにとっても、とても気持《きも》ちのいいひとときでした。ちりっとした冷《つめ》たい空気《くうき》も、すがすがしく感《かん》じられます。

「さあ、ちろちゃん。寒《さむ》いから、ぼちぼちおうちに帰《かえ》ろうか」

ちろはちょっぴりいやそうにしましたが、ヒロ子《こ》さんに引《ひ》かれて、家《いえ》のほうにむかいました。ゆっくりゆっくりのおさんぽは、おしまいです。

そんな日々《ひび》が半年《はんとし》ほど続《つづ》いて、五月《ごがつ》のゴールデンウィークになりました。

今日《きょう》は、隆《たかし》さんとヒロ子《こ》さん、そしてちろが、友《とも》だちの三家族《さんかぞく》といっしょに、バーベキューに出《で》かける日《ひ》です。

お天気《てんき》は晴《は》れ。

日《ひ》のあたるところは汗《あせ》ばむくらいですが、木《こ》かげに入《はい》るとちょうど心地《ここち》よい、絶《ぜっ》好《こう》の行楽《こうらく》びよりでした。

みんなは、家《いえ》から車《くるま》で一時間《いちじかん》足《た》らずのところにある、山《やま》のバーベキュー場《じょう》へとむかっていました。人数《にんずう》はあわせて十人《じゅうにん》以上《いじょう》。ちろが大好《だいす》きな子《こ》どもたちもいっしょです。

わいわい、がやがや、車《くるま》のなかでもおしゃべりや笑《わら》い声《ごえ》がたえません。ちろはウトウト眠《ねむ》ったり、みんなの会話《かいわ》に入《はい》って、「ワオワオワオーン」としゃべってみたり。

隆《たかし》さんもヒロ子《こ》さんもごきげんです。

ドライブしているうちに、バーベキュー場《じょう》に到着《とうちゃく》しました。

みんないっせいに車《くるま》から飛《と》びおりて、バーベキューの場所《ばしょ》に走《はし》ります。ちろは、ヒロ子《こ》さんに連《つ》れられて、おくれてついていきました。すでに後《うし》ろ足《あし》はほとんど力《ちから》が入《はい》らなくなっていて、前足《まえあし》だけでズルズルと体《からだ》を引《ひ》きずるように動《うご》いている感《かん》じです。ときどきだっこもしてもらいました。

そうしてようやくヒロ子《こ》さんとちろがついたときには、もうバーベキューの準備《じゅんび》は完了《かんりょう》。にぎやかな笑《わら》い声《ごえ》のなか、炭《すみ》に火《ひ》がつけられようとしているところでした。発泡《はっぽう》スチロールや冷蔵《れいぞう》ケースから、バーベキューの材料《ざいりょう》がぞくぞくと登場《とうじょう》しています。

たっぷりのお肉《にく》。キャベツやタマネギ。コーンやウインナーもあります。

お父《とう》さんたちは、網《あみ》の上《うえ》でお肉《にく》を焼《や》きながら、ビールを飲《の》みはじめました。お母《かあ》さんたちは紙皿《かみざら》を配《くば》って、子《こ》どもたちに焼《や》けたお肉《にく》を順番《じゅんばん》にわたします。

おいしそうなにおいがあたり一面《いちめん》ただよって、みんな、夢中《むちゅう》になって、食《た》べたり飲《の》んだりしていました。

そんなかで、ちろは、トイレをしようと思《おも》ったのでしょうか、鼻《はな》をひくひくさせながら、少《すこ》しはなれたほうへと動《うご》いていきます。

バーベキューの場所《ばしょ》は、山《やま》の中腹《ちゅうふく》で、後《うし》ろは浅《あさ》い谷《たに》でした。下《した》には小《ちい》さな川《かわ》が流《なが》れています。

ちろはもちろん、そんな地形《ちけい》はわかりません。うろうろと移動《いどう》していくうち、足《あし》をすべらせて、ずるずるっと川《かわ》に落《お》ちてしまいました。ちろはわけがわからないままです。あがくこともできません。

一番近《いちばんちか》くにいた子《こ》どもがさけびました。

「あーっ！　ちろちゃんが落《お》ちたー！」

みんな手《て》にもっているものをほうりだして、ちろが落《お》ちた場所《ばしょ》へと走《はし》ります。

「ちろー！」「ちろちゃーん！」

隆《たかし》さんとヒロ子《こ》さんが、悲痛《ひつう》な声《こえ》でよびました。ちろは前足《まえあし》を必死《ひっし》に動《うご》かしていますが、それはただ、川《かわ》の水《みず》をたたいているだけです。

「よっしゃ、ぼくがいって、助《たす》けてきたる！」

友人《ゆうじん》の一人《ひとり》、四方茂広《しかたしげひろ》さんが、斜面《しゃめん》をダダダーッとかけおりました。

みんな、斜面《しゃめん》のきわから、めいっぱいの声援《せいえん》を送《おく》ります。

「がんばれー！」

「四方《しかた》さん、気《き》をつけてー！」

「ちろちゃん、だいじょうぶかぁ？」

そうして、四方《しかた》さんがちろをだきあげたとき、それまでの心配《しんぱい》げな声援《せいえん》が、一気《いっき》におまつりさわぎにかわりました。

「やった、やった、やった！」

子《こ》どもたちは拍手《はくしゅ》しながらはしゃぎます。

「よかったねー！」「よかったねー！」

ちろが四方《しかた》さんにだかれて無事《ぶじ》にもどってきたとき、ヒロ子《こ》さんはホッとして、へなへなとすわりこみました。隆《たかし》さんは、車《くるま》イスの上《うえ》で顔《かお》をおおい、つっぷしています。

「ちろちゃん、ごめんね。お母《かあ》さん、ゆだんしてたわ。ごめんね」

ヒロ子《こ》さんは、ちろの耳《みみ》もとで何回《なんかい》もあやまりながら、ぬれた体《からだ》をタオルでふいてやりました。

ちろはそのあと、たくさんお肉《にく》をもらい、なにもなかったようにペロッとたいらげて、ごきげんです。

まるで『ごちそうさま』というように、「ワオワオワオ」とほえました。

そのあと、ちょっとした笑《わら》い話《ばなし》がありました。

隆《たかし》さんが、よそ見《み》をしていて、車《くるま》イスから落《お》ちたのです。

「わーっ！　助《たす》けてくれー！」

隆《たかし》さんも、さっきのちろのシーンを思《おも》い出《だ》して、わざと大《おお》げさに声《こえ》をあげました。

でも……。

みんなしらん顔《かお》をして、

「あ、だいじょうぶ、だいじょうぶ」

「がんばってね」

軽《かる》くあしらうだけで、バーベキューを楽《たの》しんでいます。

「なんや。だれも助《たす》けてくれへんのか」

ぶつぶついいながら、隆《たかし》さんは車《くるま》イスになんとかもどりました。

それからしばらくのあいだ、隆《たかし》さんは、このエピソードを、人《ひと》がたずねてくるたびに話《はな》していました。

「ちろやったら、みんなかけつけるのにね。ぼくが落《お》ちても、だれも助《たす》けてくれへんのですわ」

わざとすねたようないい方《かた》をしていても、いかにも楽《たの》しげで、とびきりの笑顔《えがお》つき。聞《き》く人《ひと》は、みんなつられて大笑《おおわら》いしてしまいます。

お母《かあ》さんとわたし。

寝《ね》たきりのちろ

そんなふうに、幸《しあわ》せにくらしていたちろでしたが、病気《びょうき》は、足《あし》が不自由《ふじゆう》になるだけでは終《お》わりませんでした。

二〇〇五年春《にせんごねんはる》には、体《からだ》の後《うし》ろ半分《はんぶん》が信《しん》じられないほど小《ちい》さくなってしまいました。

肋骨《ろっこつ》の下《した》からしっぽまで、げっそりと肉《にく》が落《お》ちて、上半身《じょうはんしん》と下半身《かはんしん》では、とても同《おな》じ犬《いぬ》の体《からだ》とは思《おも》えないほどです。そして、足《あし》の指《ゆび》のあいだは赤《あか》くただれ、指先《ゆびさき》の毛《け》は抜《ぬ》けていきました。前足《まえあし》も力《ちから》が入《はい》らなくなってきています。

苦《くる》しんで、夜中《よなか》には「ウォーオ、ウォーオ」と、痛々《いたいた》しい声《こえ》をあげてなきます。

——なんとかしてやって！

すがる思《おも》いで走《はし》った獣医師《じゅういし》さんは、ちろをみて、頭《あたま》をかかえました。

「これはひどい。前足《まえあし》は関節《かんせつ》に水《みず》や血《ち》がたまっている状態《じょうたい》ですね。後《うし》ろ足《あし》は関節《かんせつ》の骨《ほね》が溶《と》けて、ひざのお皿《さら》が上《うえ》にあがってしまってます。手《て》のほどこしようがないです。痛《いた》み止《ど》めをうつくらいしか、できません」

関節《かんせつ》に水《みず》や血《ち》がたまるのは、後《うし》ろ足《あし》の症状《しょうじょう》でした。その症状《しょうじょう》が、前足《まえあし》にまで出《で》てきたということは……。

――そのうち前足《まえあし》まで、今《いま》の後《うし》ろ足《あし》のようになってしまう……？

ヒロ子《こ》さんの顔《かお》から血《ち》の気《き》がさーっと引《ひ》きました。

「先生《せんせい》、とにかく、痛《いた》み止《ど》めをうってやってください！　できるだけ、ちろがつらくないようにしてやってください！」

ヒロ子《こ》さんがそういってうってもらった痛《いた》み止《ど》めも、最初《さいしょ》はきいたようでしたが、何回《なんかい》もうつうちに、きかなくなってしまいました。

横《よこ》たわったままのちろは、力《ちから》のない暗《くら》い目《め》で、うつろな表情《ひょうじょう》です。もう、むかしの笑《わら》っているように見《み》える顔《かお》ではありません。

こうして、ちろは動《うご》く力《ちから》を少《すこ》しずつうばわれ、夏《なつ》には、寝《ね》がえりもうてなくなりました。

もう首《くび》から上《うえ》しか自由《じゆう》になりません。

羽藤《はとう》さん一家《いっか》にとって、ちろの病状《びょうじょう》は絶望的《ぜつぼうてき》なものでした。

かわいそうに……。

いったい、こんな体《からだ》でいつまで……。

このまま、死《し》んでしまうのだろうか……。

夫婦《ふうふ》で、ため息《いき》をつく日《ひ》がふえました。

そんなとき、ヒロ子《こ》さんはこれまでの日々《ひび》をふり返《かえ》って、気《き》をとりなおします。

お母《かあ》さんがはげましてくれたから、がんばれるのです。

「ここまでちろもがんばってくれてるし、私《わたし》、とにかく最後《さいご》まで、ちゃんと世話《せわ》してやるわ。ずっとそう決《き》めてやってきたんやもんね。そやから、ねえ、お父《とう》さん。ちろがどんな状態《じょうたい》でも、やれることをしてやろ。いっしょにがんばろ」

元気《げんき》のない隆《たかし》さんに、ヒロ子《こ》さんがはっぱをかけると、隆《たかし》さんも、「そうやな」と返《かえ》します。

どうであっても、もうあともどりも、方《ほう》向転換《こうてんかん》もできません。がんばって世話《せわ》を続《つづ》けるしかないのです。

ちろがまったく動《うご》けなくなって、羽藤《はとう》さん一家《いっか》の生活《せいかつ》は、大《おお》きくかわりました。

まず、ちろの安全《あんぜん》な居場所《いばしょ》をふやしてやるために、リビングから庭《にわ》にむけて、すべり台《だい》のようなものを作《つく》り、その周辺《しゅうへん》に木製《もくせい》のパネルをしきつめました。

少《すこ》しでも外《そと》の空気《くうき》をすわせてやろうと、隆《たかし》さんが提案《ていあん》したのです。

すべり台《だい》があると、ヒロ子《こ》さんが、ちろを移動《いどう》するのもラクですし、なにより外《そと》にいるちろは、気持《きも》ちよさそうでした。

でも、気候《きこう》のいい時期《じき》は長《なが》くありません。夏《なつ》が近《ちか》づくにつれて、ちろの皮膚《ひふ》の状《じょう》態《たい》は悪《わる》くなり、それまでは、おなかや足《あし》の一部《いちぶ》だけだった抜《ぬ》け毛《げ》が、その範囲《はんい》をずんずん広《ひろ》げていきました。

――クーラーをつけっぱなしにして、室内《しつない》においてやれば、少《すこ》しはましだろうか。

もうお手上《てあ》げでした。それくらいのことしか、してやれることを思《おも》いつきません。

ちょうどそのころ。

ちろが動《うご》けなくなったという知《し》らせを聞《き》いて、ハッピーハウスから、乳母車《うばぐるま》のような移動《いどう》ベッドが届《とど》けられました。

ハッピーハウスにも、交通事故《こうつうじこ》で足《あし》を二本失《にほんうしな》い、歳《とし》とともに動《うご》けなくなったハリソンという老犬《ろうけん》がいます。移動《いどう》ベッドは、あるボランティアから、ハリソンのような動《うご》けない動物《どうぶつ》に使《つか》ってやってくださいとおくられたものでした。

「よかったねえ、ちろちゃん」

ヒロ子《こ》さんは、大喜《おおよろこ》びです。すぐに、移動《いどう》ベッドにタオルを何枚《なんまい》もしき、ペットシーツもしいて、ちろをのせました。

こうしておけば、ちろは、クーラーのついた家《いえ》のなかを、移動《いどう》することができて、ずいぶん気分転換《きぶんてんかん》になるでしょう。

もちろん、移動《いどう》させるヒロ子《こ》さんも、力《ちから》がいらないのでとても助《たす》かります。

「さ、いくよ、ちろ！」

ヒロ子《こ》さんがゆっくり押《お》すと、ちろが『な、なんだ？　動《うご》いてる？』というふうに、首《くび》のむきをあっちにこっちにかえました。

「あ、びっくりしてる！　びっくりしてる！」

そのしぐさに、みんな思《おも》わず笑《わら》いました。

ひさしぶりの陽気《ようき》な声《こえ》が、リビングいっぱいにひびいています。


移動《いどう》ベッドのおかげで、看病《かんびょう》はかなりラクになりました。

でも、ちろは調子《ちょうし》がいいと、肩《かた》のあたりをもぞもぞと動《うご》かしたりするので、たまにドシンと床《ゆか》に落《お》ちてしまいます。目《め》をはなすことができません。

庭《にわ》に出《だ》していたころは、まだ元気《げんき》が残《のこ》っていました。でも今《いま》は状態《じょうたい》がちがいます。

お水《みず》も食事《しょくじ》も口《くち》もとにもっていってやらないと、ちろは食《た》べたり飲《の》んだりできない

これがハッピーハウスにおくってもらった移動《いどう》ベッドです。

のです。

もう長《なが》い時間《じかん》一人《ひとり》ぽっちにできないほど、ちろはおとろえています。

ちろのために、家族《かぞく》で世話《せわ》ができる時間帯《じかんたい》を相談《そうだん》しました。

隆《たかし》さんは、平日《へいじつ》は会社《かいしゃ》があります。奈美《なみ》さんは家《いえ》にいるときはたよりになるのですが、職場《しょくば》が遠《とお》いし、留守《るす》がちで、あまり役《やく》に立《た》ちそうにありません。

ヒロ子《こ》さんは、近《ちか》くのグループホー

ム（知的障害者《ちてきしょうがいしゃ》が共同《きょうどう》で生活《せいかつ》している場所《ばしょ》）のヘルパーとして、朝七時《あさしちじ》～八時《はちじ》と夕方《ゆうがた》四時《よじ》～八時《はちじ》のあいだ、一日《いちにち》おきに働《はたら》いています。

このままでは、どうしてもだれもいない時間《じかん》ができてしまうのです。

結局《けっきょく》、二世帯住宅《にせたいじゅうたく》のもう一軒《いっけん》の住人《じゅうにん》、ヒロ子《こ》さんの弟《おとうと》である楠山辰夫《くすやまたつお》さんまでが、ちろの世話《せわ》のリレーに参加《さんか》してくれることになりました。

それでも、どうにもならないときには、ハッピーハウスがあずかって世話《せわ》をしてくれるといいます。

――これで、なんとかやっていける。

看病《かんびょう》の中心《ちゅうしん》になるヒロ子《こ》さんは、みんなの厚意《こうい》のおかげで、気持《きも》ちを強《つよ》くもつことができました。

いっぽうで、これまでヒロ子《こ》さんに手《て》をかけてもらっていた隆《たかし》さんは、急《きゅう》にいそがしくなりました。

自分《じぶん》のことを自分《じぶん》でするだけでも、がんばっているつもりでしたが、今《いま》では、ヒロ子《こ》さんが留守《るす》のあいだの中心《ちゅうしん》は隆《たかし》さんなのです。特《とく》に朝《あさ》はたいへんでした。

「お父《とう》さん、むりせんといてね。なにかあったら、すぐ連絡《れんらく》がとれるというだけでも、私《わたし》は安心《あんしん》なんやから」

ヒロ子《こ》さんは、そういってねぎらいます。

「ぼくは、たいしたことはできんから、気《き》をつかわんでいいよ」

そう返事《へんじ》しながら、隆《たかし》さんは自分《じぶん》なりに、ちろの世話《せわ》を一生懸命《いっしょうけんめい》していました。

もちろん、隆《たかし》さんが、ちろの世話《せわ》をするのは、とても疲《つか》れることでした。

車《くるま》イスに乗《の》ったまま、ちろに水《みず》を飲《の》ませるには、体《からだ》をぐんと前《まえ》のめりにしなくてはなりません。ごはんを食《た》べさせるのは、もっと骨《ほね》がおれます。

でも、隆《たかし》さんはちろの世話《せわ》をしていて、はっきりわかったことがあったのです。

——ぼくがケガで歩《ある》けなくなったとき、守《まも》ってくれたのは、みんなの愛《あい》や。『愛《あい》』という言葉《ことば》を、ふだん忘《わす》れて生《い》きていました。だれでもそうかもしれません。それが、ちろといっしょにいると、しみじみ感《かん》じられました。ふしぎなことでした。

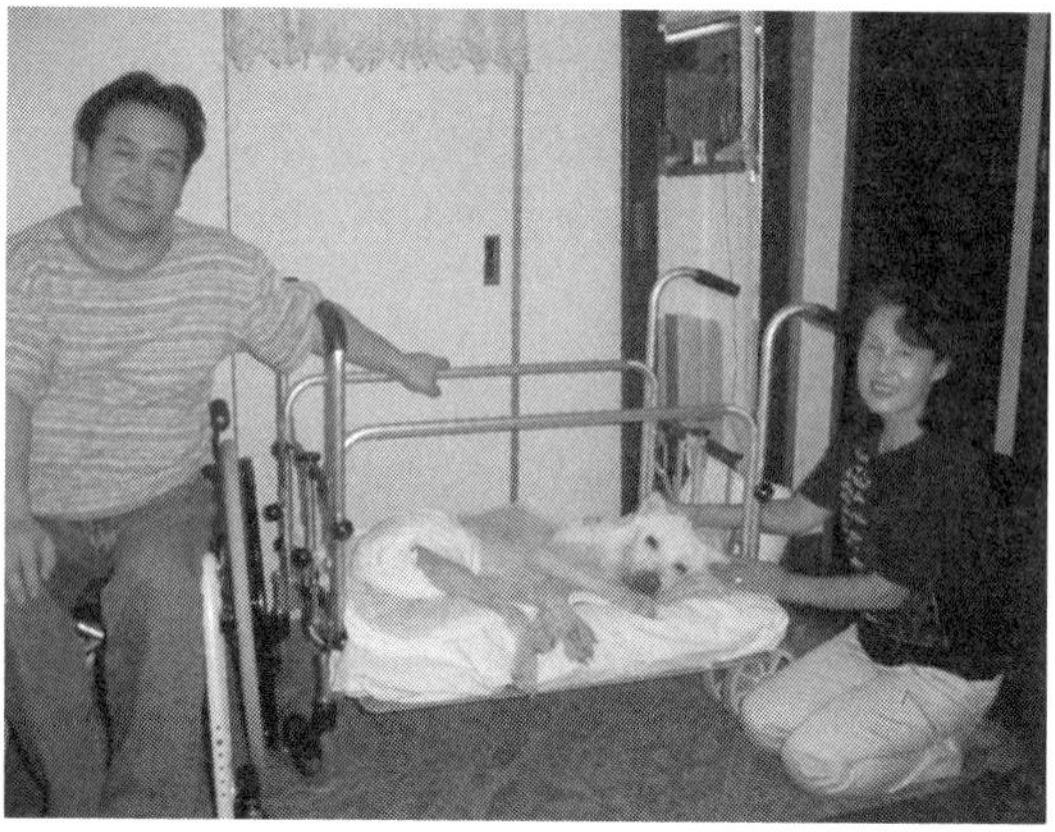

お父《とう》さんもわたしをかわいがってくれたんです。

★その頃《ころ》のヒロ子《こ》さんの一日《いちにち》★

【仕事《しごと》がある日《ひ》】

5時《じ》頃《ごろ》～5時《じ》30分頃《ぷんごろ》　30分《ぷん》くらい朝《あさ》のさんぽ。

6時《じ》頃《ごろ》～7時《じ》前《まえ》　ちろにごはんを食《た》べさせてから、出勤《しゅっきん》。

7時《じ》～8時《じ》　仕事《しごと》。

8時《じ》過《す》ぎ～12時《じ》頃《ごろ》　家事《かじ》のあいまにちろの体《からだ》を木酢液《もくさくえき》でふいてやる。

12時《じ》頃《ごろ》～16時《じ》前《まえ》　食料品《しょくりょうひん》の買《か》い出《だ》し。家族《かぞく》の夕食《ゆうしょく》の用意《ようい》。

16時《じ》～20時《じ》　仕事《しごと》。

20時《じ》過《す》ぎ～1時《じ》頃《ごろ》　自分《じぶん》の夕食《ゆうしょく》、お風呂《ふろ》など。

1時《じ》～5時《じ》頃《ごろ》　ちろがぐずぐずいうので、そばで横《よこ》になってさすってやる。

【仕事《しごと》がない日《ひ》】

ちろは昼間《ひるま》おきているのと、夕方《ゆうがた》もさんぽにいくので、疲《つか》れて夜《よる》は眠《ねむ》っている。

安楽死《あんらくし》は考《かんが》えません

そうして夏《なつ》がすぎ、秋《あき》へと季節《きせつ》がうつるあいだにも、ちろの状態《じょうたい》はどんどん悪《わる》くなりました。

足《あし》のパッドは全部《ぜんぶ》パンパンにはれて、そのあいだから血《ち》が出《で》てかたまっています。体《からだ》をおおう白《しろ》い毛《け》も、たくさん抜《ぬ》けてしまいました。

そして、とても苦《くる》しんで、夜中《よなか》に何度《なんど》も大声《おおごえ》をあげます。

「ウォーオ、ウォーオ」「ウォーオ、ウォーオ」

ヒロ子《こ》さんは、見《み》かねてあちこちの動物病院《どうぶつびょういん》に走《はし》りました。

もちろん、もっとましなころに、「もう治《なお》りません」と何人《なんにん》もの獣医師《じゅういし》にいわれたくらいです。今《いま》さら、治《なお》るはずはありません。

——でも、もしかしたら、いい薬《くすり》とか、新《あたら》しい治療《ちりょう》とか、あるかもしれない。

ヒロ子《こ》さんを支《ささ》えているのは、いつもひとすじの希望《きぼう》でした。若《わか》いころからずっと、どんなにこまったことになっても、小《ちい》さな希望《きぼう》を見《み》つけて生《い》きてきたのです。

ところが、どこの病院《びょういん》でも、先生《せんせい》のいう言葉《ことば》に希望《きぼう》を見《み》つけることはできませんでした。

「このままでは、ちろちゃんも、お母《かあ》さんもたいへんでしょう。ぼくとしては、安《あん》楽死《らくし》も考《かんが》えてみられたらどうかと思《おも》いますよ」

安楽死《あんらくし》というのは、もう治《なお》る見込《みこ》みもなく、痛《いた》みや苦《くる》しみだけがあるときに、注《ちゅう》射《しゃ》で眠《ねむ》るように天国《てんごく》に逝《い》かせる、という方法《ほうほう》です。獣医師《じゅういし》がその注射《ちゅうしゃ》をするのですが、もちろん、飼《か》い主《ぬし》がそうしてくださいとたのむことが必要《ひつよう》です。

つまり、飼《か》い主《ぬし》がその動物《どうぶつ》の『命《いのち》が終《お》わるとき』を決《き》めるのです。

初《はじ》めて『安楽死《あんらくし》』という言葉《ことば》を耳《みみ》にしたときは、ヒロ子《こ》さんはショックで頭《あたま》のなかが真《ま》っ白《しろ》になりました。そんなことをいわれるなんて、夢《ゆめ》にも考《かんが》えていませんでした。

——私《わたし》は、ちょっとでもちろをラクにしてやろうと思《おも》って、病院《びょういん》にきてるのに。ちょっとでも長生《ながい》きさせてやりたいのに。

くやしくて、次《つぎ》の病院《びょういん》へ走《はし》っても、また同《おな》じようにいわれました。

このとき、ヒロ子《こ》さんは、病院《びょういん》の先生《せんせい》に希望《きぼう》の光《ひかり》をあたえてもらおうと思《おも》うのをやめにしたのです。

——ちろが生《い》きようとしてるんやもん。私《わたし》はそれだけでいい。

ヒロ子《こ》さんにまよいはありませんでした。

「この子《こ》は一生懸命《いっしょうけんめい》生《い》きようとしてるんです。だから、私《わたし》、ちろの命《いのち》があるかぎり世話《せわ》をします」

実際《じっさい》、ちろは寝《ね》たきりになっていても、食欲《しょくよく》はとてもありました。食《た》べようとするのは、生《い》きようとしているからだと、ヒロ子《こ》さんは考《かんが》えています。

筋肉《きんにく》が落《お》ちて、毛《け》も抜《ぬ》けて、小《ちい》さくなってしまったちろですが、よく食《た》べるからか、体重《たいじゅう》は十四《じゅうよん》キロあります。元気《げんき》なときが十七《じゅうなな》キロでしたから、見《み》た目《め》ほどにはやせていません。

そのうえ、人《ひと》といっしょにいることが多《おお》いぶん、意志《いし》や感情《かんじょう》を声《こえ》でつたえることが上手《じょうず》になりました。

たとえば、ヒロ子《こ》さんをよぶときには、「ウァアウァー、ウァアウァー」とないて、それはまるで、「ママー、ママー」といっているように聞《き》こえます。

隆《たかし》さんとヒロ子《こ》さんがけんかをすると、

「ワワワワ、ワワワワワー」と短《みじか》くほえます。二人《ふたり》には、まるで『おこったら、あかんよー』と聞《き》こえます。

知《し》らない人《ひと》が家《いえ》にきて話《はなし》をしていると、横《よこ》から短《みじか》く「ギャ、ギャ、ギャ」とほえます。

その人《ひと》が「あ、ちろちゃん、こんにちは」と、なでながらあいさつすると、静《しず》かになります。

みんながにぎやかに楽《たの》しそうにやっていたら、話《はなし》に入《はい》っているつもりか、ときどき「フワン、フワン」と、声《こえ》だけ参加《さんか》しています。

歌《うた》うように「ホホホホーン、ホホホホーン」と、のびやかな声《こえ》を出《だ》すときもあります。

首《くび》から上《うえ》しか動《うご》かなくても、これほどまでに『今《いま》を生《い》きている』犬《いぬ》です。毎日世《まいにちせ》話《わ》をしながら、それを見《み》つめてきたヒロ子《こ》さんが、その命《いのち》をあきらめるわけがありません。

体《からだ》はすっかり病気《びょうき》におかされていましたが、ちろは、あいかわらず人《ひと》や犬《いぬ》が大好《だいす》きでした。

たまに人《ひと》がたずねてくると、はしゃいでいるのが声《こえ》でわかります。そういう刺激《しげき》があると、うれしいからか、体調《たいちょう》もいいようです。もともと、ちろは陽気《ようき》な場面《ばめん》が似合《にあ》う犬《いぬ》でした。

でも、このままでは、そんな時間《じかん》はほんのわずか。家《いえ》のなかだけの生活《せいかつ》はつまらないだろうな、とヒロ子《こ》さんは思《おも》いました。

——ちろを外《そと》に連《つ》れだしてやりたい。

眠《ねむ》っているちろを見《み》つめていると、ついつい、そんなことをまじめに考《かんが》えてしまいます。

そんなある日《ひ》、ヒロ子《こ》さんは、隆《たかし》さんの古《ふる》い車《くるま》イスを見《み》て、いいことを思《おも》いつきました。

「ねえ、お父《とう》さん。この車《くるま》イスで、ちろをさんぽに連《つ》れていってやれへんかなあ」

隆《たかし》さんも、手《て》をうちました。

「おお、大発見《だいはっけん》や！　ちろがあいだから落《お》ちないようにしてやったら、いけるやないか！」

乳母車《うばぐるま》のような移動《いどう》ベッドがヒントでした。たしかに、車輪《しゃりん》があれば動《うご》かすのはかんたんです。車《くるま》イスを押《お》すのは、隆《たかし》さんがケガをしたときに押《お》していたので、なれていました。

ヒロ子《こ》さんは、さっそく、車《くるま》イスにタオルやペットシーツをしき、ちろを大《おお》きなバスタオルでくるんで乗《の》せてやりました。

「さあ、ちろちゃん！　今日《きょう》からお外《そと》にいけるよ！」

車《くるま》イスにのったちろを見《み》て、近所《きんじょ》の子《こ》どもたちがかけよってきました。

「おばちゃん、ちろちゃん、歩《ある》かれへんの？　だいじょうぶ？」

「うん、ちろちゃんはだいじょうぶよ。お外《そと》がとっても気持《きも》ちいいって。ほら、ごきげんな顔《かお》してるでしょ？」

「あ、ほんとや！　ちろちゃん、よかったなあ！」

ちろは、子《こ》どもたちに頭《あたま》をなでてもらって、ごきげんです。


そのままゆっくり進《すす》んでいると、今度《こんど》は、むかいの家《いえ》に住む田中《たなか》さんが、犬《いぬ》の悟《ご》空《くう》くんとさんぽをしているのに出会《であ》いました。

「こんにちはー。ほら、ちろちゃん。悟空《ごくう》くんよ」

ヒロ子《こ》さんがにこにこしながら、ちろに話《はな》しかけました。

「あらー、こんにちは。ちろちゃん、ひさしぶりね。いいのに乗《の》ってるねえ」

あいさつをかわしていると、悟空《ごくう》くんがちろの鼻先《はなさき》で、においをかいでいます。ちろも、『あ？　悟空《ごくう》くんかな？』と、フンフンにおいをかぎます。すると、悟空《ごくう》くんは、『遊《あそ》ぼう！』というように、シャッ、シャッと前足《まえあし》で地面《じめん》をけりました。

ちろが元気《げんき》なとき、二匹《にひき》はとてもなかよしだったのです。

けれど、悟空《ごくう》くんが何回《なんかい》地面《じめん》をけっても、はずんでも、ちろはいっしょに遊《あそ》べません。車《くるま》イスの前《まえ》にあごを乗《の》せたまま、はりきる悟空《ごくう》くんを見《み》ているだけです。

「悟空《ごくう》くんがちろちゃん大好《だいす》きって。よかったね。ちろちゃんは、もてるのよね」

深《ふか》い悲《かな》しみが、胸《むね》に、さあっと広《ひろ》がりました。

それをふっきるように、ヒロ子《こ》さんは歩《ある》きだします。

「さあ、いきましょう。悟空《ごくう》くん、バイバイ。これからは、また会《あ》えるからね」

田中《たなか》さんも、悟空《ごくう》くんのかわりに、「ちろちゃん、さよなら。またね」と手《て》をふ

おむかいの悟空《ごくう》くんとはとてもなかよしなんです。

りました。悟空《ごくう》くんは、肩《かた》すかしをくらって、きょとんとしたままでした。

車《くるま》イスのおかげで、ちろは、近所《きんじょ》の子《こ》どもたちや、なかよしの犬《いぬ》たちと、また会《あ》えるようになったのです。

悔《く》いのないように

二〇〇五年《にせんごねん》の十一月《じゅういちがつ》には、もうこの冬《ふゆ》はこせないといわれたちろでしたが、家族《かぞく》に守《まも》られて、そのまま新年《しんねん》を迎《むか》え、春《はる》、夏《なつ》とすごしてきました

体《からだ》は小《ちい》さくなっていくし、雪《ゆき》を思《おも》わせる真《ま》っ白《しろ》な毛《け》も、もう頭《あたま》から背中《せなか》にかけてしか残《のこ》っていません。全身《ぜんしん》は、地《じ》はだのピンクが目立《めだ》つようになってしまいました。

でも、まだ食欲《しょくよく》はあります。

ちろの食事《しょくじ》は、とり肉《にく》とイモやキャベツなどの野菜《やさい》、そこにごはんをまぜてやわらかく煮《に》たものか、缶詰《かんづめ》のドッグフードです。食《た》べやすいようにと、ヒロ子《こ》さんが手《て》ですくって口《くち》のところまでもっていくと、ちろは、頭《あたま》をもたげてパクパク食《た》べました。

「ほんまに、このちろの生命力《せいめいりょく》、どこからくるんやろ?」

隆《たかし》さんはいつもそういいながら、首《くび》をかしげます。でも、答《こた》えはわかっているのです。

——ヒロ子《こ》のちろへの愛情《あいじょう》が、そのままちろの力《ちから》になってるんや……。


でも、さすがのヒロ子《こ》さんも、看病疲《かんびょうづか》れでときどきダウンするようになりました。その大《おお》きな理由《りゆう》は、睡眠不足《すいみんぶそく》です。

昼間《ひるま》、ヒロ子《こ》さんがいそがしければいそがしいほど、ちろはたいくつで、グーグー寝《ね》てばかり。そのために、昼《ひる》と夜《よる》が逆《ぎゃく》になって、真夜中《まよなか》になると、ヒロ子《こ》さんに甘《あま》えて泣《な》きはじめるのです。

ヒロ子《こ》さんは、どれだけ疲《つか》れていても、そんなちろをほうってはおきません。

ついついむりを重《かさ》ねて、とうとう、ヘルペス(疲《つか》れで体《からだ》に赤《あか》いブツブツが出《で》る病《びょう》気《き》）になってしまいました。気持《きも》ちのうえではふんばっていましたが、体《からだ》ががまんしきれずに、赤信号《あかしんごう》をともしたのです。

ヒロ子《こ》さんがダウンしては、みんなの生活《せいかつ》もなりたちません。相談《そうだん》の結果《けっか》、数日間《すうじつかん》、ちろをハッピーハウスにあずけることにしました。

ハッピーハウスなら、スタッフが何人《なんにん》もいて気《き》づかってくれるし、診療所《しんりょうじょ》に獣医師《じゅうい し》もいます。

どこにあずけるよりも、安心《あんしん》でした。

ヘルペスが治《なお》ってからは、ヒロ子《こ》さんもがんばりすぎないよう、気《き》をつけるようになりました。疲《つか》れがたまってきたなと思《おも》ったら、むりをせず、ハッピーハウスにちろをあずけて、体調《たいちょう》をととのえる時間《じかん》をとりました。

ただ、ちろにとって、あずけられるのはストレスです。

あずけられたとき、ちろは、ふれあいハウスにある受付《うけつけ》の奥《おく》に、いつも寝《ね》かされていました。そこでは、昼間《ひるま》は電話《でんわ》がリンリンなっているし、はなし飼《が》いの犬《いぬ》たちもうろついています。夜《よる》は当直《とうちょく》のスタッフが二階《にかい》にとまっているので、大《おお》きな声《こえ》でなけば、とんできてくれます。さびしくはありません。

それでも、家《いえ》と環境《かんきょう》がかわるのは、ちろにとって疲《つか》れることですし、だいいち、大好《だいす》きなヒロ子《こ》さんがそばにいないのです。

「ヒャンヒャン」とないても、ヒロ子《こ》さんは来《き》てくれません。あきらめずにないていると、スタッフが、

「どうしたん、ちろちゃん」

と、のぞいたり、体《からだ》をなでてくれたりしますが、みんないそがしいから、すぐにどこかにいってしまいます。そうしたら、ちろはまたなきはじめるのです。

ちろは、ヒロ子《こ》さんがそばに来《き》てくれるのを、ひたすらまっています。

そんなちろですから、ヒロ子《こ》さんがお迎《むか》えにきたときはすぐにわかるようでした。目《め》もほとんど見《み》えないし、ただウトウトと寝《ね》て、ときおり悲《かな》しげになくだけなのに、ヒロ子《こ》さんがハッピーハウスにやってくると、頭《あたま》をむくっともたげて、「パオ、パオ、パオ」と、やけに元気《げんき》にほえるのです。

「あ、ちろちゃんのお母《かあ》さんが迎《むか》えにきたんやね！」

何回《なんかい》かとまっているうちに、スタッフにも、『パオ、パオ、パオ』は、『お母《かあ》さんだ、お母《かあ》さんだ、お母《かあ》さんだ！』という喜《よろこ》びの表現《ひょうげん》なのだと、わかるようになりました。

そして、家《いえ》に帰《かえ》ったとたん、ちろはぐったり。

——やっぱり疲《つか》れるんやね。ごめんね、ちろちゃん。

ヒロ子《こ》さんは、そんなとき、胸《むね》がちくちく痛《いた》んで、どうしていいかわからなくなります。

「治《なお》る見込《みこ》みのない看病《かんびょう》は、ほんとうにつらいよなあ」

隆《たかし》さんが、天井《てんじょう》を見《み》つめたまま、いいました。

「うん……」

ヒロ子《こ》さんも、力《ちから》なくうなずきました。

これまで三年半《さんねんはん》のあいだ、隆《たかし》さんも、ヒロ子《こ》さんも、ちろも、心《こころ》のなかではいつもいっしょに、一生懸命走《いっしょうけんめいはし》ってきました。でもそれが、別《わか》れへの時間《じかん》をいっしょにきざんでいるだけだと思《おも》うと、二人《ふたり》とも、とてもむなしくなるのです。

どれだけ看病《かんびょう》しても、いっしょに走《はし》ったり、笑《わら》ったりできる日《ひ》は、二度《にど》と来《こ》ないのです。

「私《わたし》、もう一回《いっかい》だけでいいから、ちろといっしょに走《はし》りたい」

ハッピーハウスで出会《であ》ったときを思《おも》い出《だ》して、ヒロ子《こ》さんがつぶやきました。

ちろは、ダーッと走《はし》ることはできませんでしたが、それでも楽《たの》しげに、トットットッとはずむように走《はし》っていました。

「なんで、ちろがこんな目《め》にあわんとあかんのやろ……」

涙《なみだ》ぐむヒロ子《こ》さんに、隆《たかし》さんはいいました。

「ヒロ子《こ》。ぼくだって、もう一回《いっかい》、自分《じぶん》の足《あし》で思《おも》いきり走《はし》りたい。そやけど、時間《じかん》がこんなふうにすぎてきたんやから、後悔《こうかい》してもしかたがない。ふり返《かえ》ってこうしたい、こうやったら、とできないことを考《かんが》えるより、できることをしてやるしかないやろ」

ヒロ子《こ》さんは、くちびるをかんで、涙《なみだ》をぬぐいました。

「そうやね。つらくても、精一杯《せいいっぱい》、自分自身《じぶんじしん》が悔《く》いのないようにしてやらないとね」

「そうや。命《いのち》にはかぎりがあるんや。それを受《う》け止《と》めんとあかん。一番《いちばん》がんばってるのは、ちろやないか。ちろがぼくらを支《ささ》えてくれてるんや」

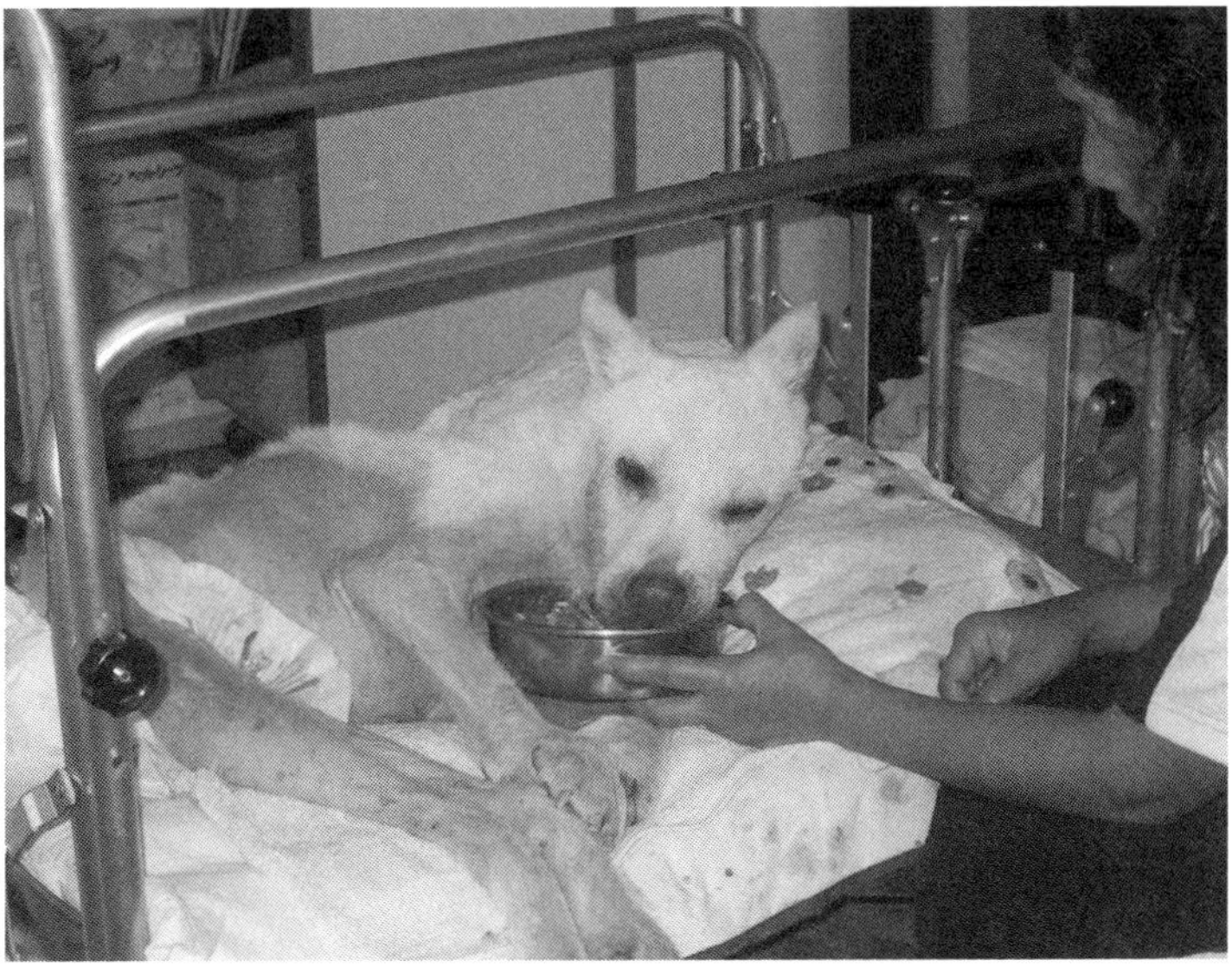

お母《かあ》さんが作《つく》ってくれるおいしい料理《りょうり》が大好《だいす》きなんです。

ちろちゃんは天使《てんし》

秋《あき》が深《ふか》まるころには、ヒロ子《こ》さんも家族《かぞく》みんなも、もう長《なが》くはないと思《おも》うほど、ちろは弱《よわ》っていました。

目《め》やにもひどくなり、顔《かお》にはうすい黄色《きいろ》のかさぶたがいっぱいになりました。そして、ときどきは、目《め》から涙《なみだ》をぽろぽろ流《なが》しています。

痛《いた》いとか、悲《かな》しいとか、犬《いぬ》がそんなことで泣《な》くのかどうかわかりませんでしたが、ヒロ子《こ》さんの目《め》には、ちろが泣《な》いているようにうつります。

でも、そんな状態《じょうたい》でも、ちろはごはんをよく食《た》べます。いろんなことを、ちろの言葉《ことば》でうったえます。

——ちろは生《い》きようとしている。こんなに不自由《ふじゆう》な体《からだ》になっても、生《い》きたいと思《おも》ってる。命《いのち》がどれほど大切《たいせつ》か、それをつたえるために、生《い》きてるのかもしれへん。

気《き》がつけば、そんなちろといつも接《せっ》している家族《かぞく》みんなの心《こころ》が、それぞれにたくましくなりました。

隆《たかし》さんは、自分《じぶん》の障害《しょうがい》を『働《はたら》くこともできて、笑《わら》うこともできて、生《い》きていることがありがたい』と思《おも》えるようになりました。ヒロ子《こ》さんは、ほかのどんな苦労《くろう》も乗《の》り越《こ》えられる自信《じしん》がつきました。一人《ひとり》っ子《こ》の奈美《なみ》さんは、自分《じぶん》より弱《よわ》いもののためなら、なんでもガマンしようと思《おも》っています。

そんなふうに、家族《かぞく》はもちろん、羽藤家《はとうけ》をおとずれた人《ひと》たちも、ちろのすがたにいろんなことを感《かん》じて帰《かえ》りました。

「ちろちゃんを見《み》てたら、一日《いちにち》、一日《いちにち》を大切《たいせつ》にせなあかんな、って思《おも》うわ」

「口《くち》を開《ひら》いたら、もんくばっかり出《で》てくるけど、今日《きょう》は、ちろちゃんに教《おそ》わったわ。

元気《げんき》でいられるだけで幸《しあわ》せなんやね。ぜいたくゆうたらあかんね」

「ちろちゃんのがんばってるすがたに、生《い》きる勇気《ゆうき》をもらったわ」

「私《わたし》より、もっともっとつらい思《おも》いをしてるのに、ようがんばるね。見習《みなら》わないとね」

最近《さいきん》、ちろの顔《かお》は、ますますほんわかしたおとぼけ顔《がお》になりました。

どんな人《ひと》でも、ちろのそばにいると、病気《びょうき》の悲惨《ひさん》さよりも、ほっとするような心地《ここち》よさにつつまれるようです。

でも、たまに「たかが犬《いぬ》なのに、どうしてここまでするのかしら?」と、首《くび》をかしげる人《ひと》もいました。

そんなとき、ヒロ子《こ》さんは胸《むね》をはってこういいます。

「ちろはね、私《わたし》たちの天使《てんし》なんです。私《わたし》は世話《せわ》をしていて、天使《てんし》に幸《しあわ》せをもらってるんです」

同《おな》じころ、ヒロ子《こ》さんが働《はたら》いていたグループホームが閉鎖《へいさ》になって、ヒロ子《こ》さんに時間《じかん》のゆとりができました。

そのおかげで、ヒロ子《こ》さんは、いいことを思《おも》いついたのです。

それは、ハッピーハウスのおさんぽボランティア。

保護《ほご》されている犬《いぬ》を何匹《なんびき》か交代《こうたい》で、雑木林《ぞうきばやし》のなかをさんぽに出《だ》してやるのです。

ちょうど山《やま》が紅葉《こうよう》して、暑《あつ》くなく、寒《さむ》くもありません。さんぽにちょうどいい時期《じき》でした。

おさんぽボランティアをしているあいだ、ヒロ子《こ》さんは、ちろを車《くるま》イスに乗《の》せてふれあいハウスの前《まえ》におきました。ちろは、そこをいきかうみんなにかまってもらってごきげんだし、ヒロ子《こ》さんも、いい空気《くうき》をいっぱいすいながら体《からだ》を動《うご》かしているうちに、気持《きも》ちがすっきりと晴《は》れるのです。

日《ひ》に日《ひ》に弱《よわ》るちろをじっと家《いえ》で看病《かんびょう》していると、気持《きも》ちもしずみがちでしたから、とてもいい気分転換《きぶんてんかん》になりました。

おまけに、昼《ひる》のあいだおきているせいで、ちろは夜《よる》、ぐっすり眠《ねむ》ってくれます。ちろの夜泣《よな》きで熟睡《じゅくすい》できなかった家族《かぞく》も、大助《おおだす》かりでした。

でも、山《やま》が茶色《ちゃいろ》くなりはじめた十一月半《じゅういちがつなか》ばごろ、ちろのおしっこが急《きゅう》に出《で》にくくなりました。

おしっこが出《で》ないと、体《からだ》の毒素《どくそ》が外《そと》に出《で》ないで、ふたたび血液《けつえき》にまじって体《からだ》のなかをめぐります。その毒素《どくそ》のために全身《ぜんしん》の臓器《ぞうき》がやられて、死《し》んでしまうのです。

——この冬《ふゆ》をこせるだろうか。

だれもそんなことを考《かんが》えました。暑《あつ》い夏《なつ》、寒《さむ》い冬《ふゆ》は病気《びょうき》のちろにとって大敵《たいてき》です。

ヒロ子《こ》さんは、ボランティアより、おしっこを出《だ》してもらうためにハッピーハウスに通《かよ》わなければならなくなりました。

そのうえ、調子《ちょうし》が悪《わる》いのか、痛《いた》みがあるのか、ちろは夜《よる》じゅうなくようになりました。さすがにヒロ子《こ》さんもくたくたです。隆《たかし》さんも、奈美《なみ》さんも、昼間《ひるま》会社《かいしゃ》へいくのに、すっかり睡眠不足《すいみんぶそく》になっていました。

——このままでは、みんなダウンしてしまう……。一日《いちにち》だけでも、あずけたほうがいいのかしら。

ヒロ子《こ》さんはずいぶんなやみました。だいぶ弱《よわ》ってきているのにあずけて、もしも万一《まんいち》のことがあったら……。そう思《おも》うとふんぎりがつきません。

でも、今《いま》のようにおしっこを出《だ》してもらうために毎日通《まいにちかよ》うのも、ちろには負担《ふたん》でしょう。だからといって、おしっこが出《で》ないかぎり、家《いえ》においたままでは、死《し》ぬのをまっているようなものなのです。

ハッピーハウスのスタッフには、動物病院《どうぶつびょういん》にいくことをすすめられましたが、ここまでがんばってきた今《いま》、また安楽死《あんらくし》という言葉《ことば》を聞《き》くのも、たえられません。

——せめて、一日《いちにち》だけでもゆっくり眠《ねむ》ったら、私《わたし》はまたがんばれる。

ヒロ子《こ》さんは、ちろの耳《みみ》にそっとささやきました。

「ごめんね、ちろちゃん。ちょっとだけおとまりしてきてくれる？」

ちろは、わかったように、

「フワーィ」と、小《ちい》さくなきました。

そうして、十一月《じゅういちがつ》二十五日《にじゅうごにち》。ヒロ子《こ》さんは、ちろをハッピーハウスに連《つ》れていったのです。

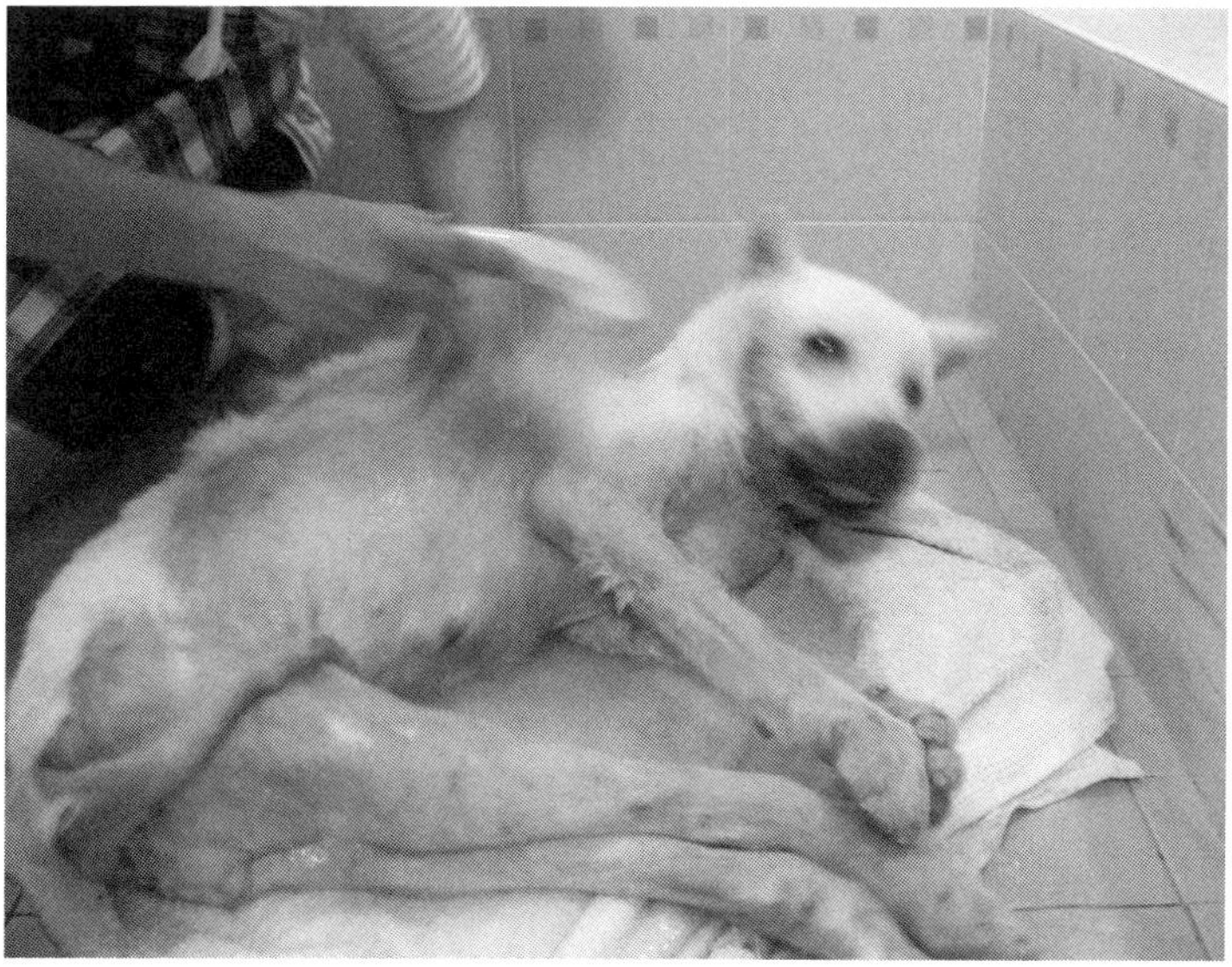

シャワーがとてもきもちいい！！

命《いのち》のたたかい

ヒロ子《こ》さんがちろをハッピーハウスにあずけた翌日《よくじつ》の朝《あさ》。出勤《しゅっきん》したばかりの松本和美《まつもとかずみ》さんは、ふれあいハウスに入《はい》ってすぐ、ちろの呼吸《こきゅう》がおかしいことに気《き》がつきました。

ちろのおなかのあたりから、プラスチックのおもちゃがへこんだときのような、ペコ、ペコという音《おと》が聞《き》こえるのです。きのう帰《かえ》るときには、元気《げんき》はなかったけれど、こんなことはありませんでした。そして、いかにもしんどそうです。

当直《とうちょく》のスタッフが和美《かずみ》さんを見《み》て、

「おはよう。ちろちゃん、ずっと元気《げんき》なかったよ。食《た》べないし、水《みず》も飲《の》まんかった」

そう知《し》らせました。

「このペコペコみたいな音《おと》は?」

「いや、それはなかったなあ」

和美《かずみ》さんは、長時間《ちょうじかん》でなくてまだよかった、とひとまず安心《あんしん》しました。それでも、決《けっ》していい状態《じょうたい》ではありません。すぐヒロ子《こ》さんに電話《でんわ》をかけました。万一《まんいち》のことがあってからでは、おそいのです。

「羽藤《はとう》さん、おはようございます。実《じつ》は、ちろちゃんの具合《ぐあい》がよくないんです」

「わかりました。すぐいきます」

電話《でんわ》のむこうから、緊張《きんちょう》した声《こえ》が聞《き》こえました。一時間《いちじかん》もしたら、やってくるでしょう。

「ちろちゃん。お母《かあ》さんがもうすぐお迎《むか》えにくるからね。がんばりや!」

和美《かずみ》さんは、声《こえ》をかけながらようすを見《み》るしかありません。

しばらくして、ちろが声《こえ》を出《だ》そうとして、からえずきしました。タンがのどにひっかかったようで、とても苦《くる》しそうです。

声《こえ》を出《だ》そうとしたのは、おそらくおしっこのはず。和美《かずみ》さんはそう見当《けんとう》をつけて、ちろのおなかを強《つよ》く押《お》しました。

おしっこが出《で》なくなってからは、そんなふうにしてやると出《で》ていたのですが、今日《きょう》は出《で》ないうえに、押《お》すと苦《くる》しそうにいやがります。目《め》はうつろで、あげた首《くび》は左右《さゆう》にゆれています。意識《いしき》がもうろうとしているようです。

ふだんは気《き》が強《つよ》くて、少々《しょうしょう》のことには動揺《どうよう》しない和美《かずみ》さんですが、このときは、さすがにあせりました。

――お母《かあ》さんは、お母《かあ》さんは、まだ？　早《はや》く来《き》てあげて！

目《め》がしらが熱《あつ》くなります。

そこへ、はりつめた顔《かお》のヒロ子《こ》さんが入《はい》ってきました。スリッパをはくのも忘《わす》れて、ちろのそばにかけよります。

「ちろちゃん！」

　これまで、何回《なんかい》もハッピーハウスにおとまりしていたちろは、ヒロ子《こ》さんがくると、決《き》まって頭《あたま》をあげて、「パオパオパオ」と喜《よろこ》んでいました。でも、今日《きょう》はぐったりしたまま、頭《あたま》もあげません。

　こんなことは一回《いっかい》もなかったと、和美《かずみ》さんもヒロ子《こ》さんも不安《ふあん》になりました。

　とりあえず、診療所《しんりょうじょ》の先生《せんせい》が血液検査《けつえきけんさ》をしましたが、異常《いじょう》はありません。その結果《けっか》を聞《き》いて、ヒロ子《こ》さんがいいました。

「私《わたし》、これからちろを連《つ》れて帰《かえ》ります。ちろも家《いえ》が落《お》ち着《つ》くでしょうし」

　そして、ふれあいハウスの前《まえ》に車《くるま》をつけ、ちろを運《はこ》ぼうとヒロ子《こ》さんがだきあげたとたん……。

　ちろが大《おお》きくのけぞって、あごをあげました。

しゅんかん、見《み》えた口《くち》のなかが、むらさきがかった白《しろ》。血《ち》の気《け》がありません。そして、すぐに首《くび》ががくんと横《よこ》にたおれました。

心臓発作《しんぞうほっさ》をおこしたのです。ヒロ子《こ》さんは、急《いそ》いでちろをもとの場所《ばしょ》にそっと寝《ね》かせました。和美《かずみ》さんは、あわてて松本《まつもと》さんに携帯電話《けいたいでんわ》で連絡《れんらく》をとりました。声《こえ》がうわずっています。

「たいへんや！　ちろちゃんが、心臓発作《しんぞうほっさ》を……」

奥《おく》の犬舎《けんしゃ》にいた松本《まつもと》さんは、とんできてすぐ、人工呼吸《じんこうこきゅう》をはじめました。のどをつめないように、ちろの舌《した》を引《ひ》っぱりだして、何度《なんど》も何度《なんど》も、鼻《はな》と口《くち》に息《いき》をふきこみます。肺《はい》に空気《くうき》が入《はい》るようにしないと、このままではちろは死《し》んでしまうのです。

まわりに集《あつ》まってきたスタッフのだれもが、

「ちろ！　がんばれ！」

「ちろちゃん！　ちろちゃん！」

必死《ひっし》に名前《なまえ》をよんで、応援《おうえん》しています。

――助《たす》かってくれよ、生《い》き返《かえ》ってくれよ。

心《こころ》のなかでさけびながら、松本《まつもと》さんは必死《ひっし》に人工呼吸《じんこうこきゅう》を続《つづ》けました。疲《つか》れると、ほかのスタッフにかわって、みんながちろの命《いのち》をよみがえらせるために、一生懸命《いっしょうけんめい》でした。


そのおかげで、ちろは少《すこ》し落《お》ち着《つ》きました。なんとか動《うご》かせそうです。

松本《まつもと》さんと和美《かずみ》さんは、ちろの状態《じょうたい》を気《き》づかいながら、そっと診療所《しんりょうじょ》に運《はこ》びました。先生《せんせい》が酸素《さんそ》ボンベを使《つか》って酸素吸入《さんそきゅうにゅう》をはじめます。

そして、それを四十分《よんじゅっぷん》ほどしているうちに、ちろは朝《あさ》より元気《げんき》そうになりました。

「よう、がんばるなあ！」

そばについていた和美《かずみ》さんが、うれし涙《なみだ》をにじませながら、ちろの頭《あたま》をなでました。

ヒロ子《こ》さんは、ちろが診療所《しんりょうじょ》に入《はい》った時点《じてん》で、いったん家《いえ》に帰《かえ》りました。この調子《ちょうし》では、ちろを連《つ》れて帰《かえ》るどころではありません。それなら、自分《じぶん》もここにとめてもらおうと思《おも》ったのです。少《すこ》しのあいだでも、ちろとはなれるのに不安《ふあん》はありましたが、とまるためには、いろんな準備《じゅんび》が必要《ひつよう》でした。

ところが、バタバタと準備《じゅんび》をして、ハッピーハウスにもどってきたときには、ちろは見《み》ちがえるほど元気《げんき》になっていました。

和美《かずみ》さんがおかしをあげると、おいしそうに食《た》べるほど、回復《かいふく》していたのです。うれしい誤算《ごさん》でした。

そこで、ヒロ子《こ》さんは決心《けっしん》しました。

「私《わたし》、やっぱり、ちろを連《つ》れて帰《かえ》ります。とまるつもりでもどってきたけど、とりあえず、おさまったようやし。ちろも、最期《さいご》は家《いえ》がいいと思《おも》うので……」

ちろの乗《の》った車《くるま》を見送《みおく》りながら、みんな祈《いの》りました。

――どうか、家《いえ》に着《つ》くまで、ちろちゃんがだいじょうぶでありますように……。

それは、ヒロ子《こ》さんも同《おな》じ思《おも》いでした。

運転中《うんてんちゅう》にもしものことがあったら……。そんなよくない想像《そうぞう》をするたび、ヒロ子《こ》さんは不安《ふあん》に胸《むね》がつぶれそうで、思《おも》わずハンドルをにぎりしめました。

――だいじょうぶ。ちろは、きっと、だいじょうぶ。

もうすぐ十二月《じゅうにがつ》。道路《どうろ》のはしには、びっしりと落《お》ち葉《ば》がつもっています。ヒロ子《こ》さんは、ほほをつたう涙《なみだ》をぬぐいながら、ひたすら車《くるま》を走《はし》らせました。

ちろは、となりの席《せき》のかごのなかで、たしかに、生《い》きています。

がんばって、よかった

その夜《よる》は、ヒロ子《こ》さんはもちろん、隆《たかし》さんも奈美《なみ》さんも、ちろのそばをはなれませんでした。

もういよいよだめなのか……。そんな重苦《おもくる》しい空気《くうき》が家《いえ》のなかにみちています。

みんな、いつかは別《わか》れる日《ひ》がくると覚悟《かくご》してここまできたのですが、それでも、とてもつらくて悲《かな》しい時間《じかん》でした。

ちろは、夜《よる》じゅう、苦《くる》しそうにうめいていました。そのたびに、みんな、名前《なまえ》をよんだり、体《からだ》をなでたりをくりかえします。

そうして、時間《じかん》がすぎて、朝日《あさひ》がのぼるころ、ちろの生命力《せいめいりょく》がかがやきました。

ちろはまた、少《すこ》しずつ、お水《みず》やごはんを口《くち》にするようになったのです。

ヒロ子《こ》さんが、やわらかく煮《に》たごはんをスプーンであげると、ちろは、ムニュムニュとゆっくりかみながら、飲《の》みこみました。

「すごいやっちゃ！」

隆《たかし》さんが、寝不足《ねぶそく》で赤《あか》くなった目《め》を丸《まる》くして、さけびました。ヒロ子《こ》さんと奈美《なみ》さんは、だきあって喜《よろこ》びました。

「ちろが、またもどってきてくれた！」

ヒロ子《こ》さんは、ちろに「ありがとう！」といいました。うれし涙《なみだ》があふれて、止《と》まりませんでした。

その日《ひ》の夕方《ゆうがた》、ちろが少《すこ》し落《お》ち着《つ》いたので、ヒロ子《こ》さんは、ちろを大阪府茨木市《おおさかふいばらきし》にある田村動物病院《たむらどうぶつびょういん》に連《つ》れていきました。

もう短《みじか》い命《いのち》とはわかっていましたが、なにか少《すこ》しでも、ちろがラクになる治療《ちりょう》はないかと思《おも》ったのです。

ほんとうは、ヒロ子《こ》さんは、病院《びょういん》にいくことにためらいがありました。

去年《きょねん》、ちろがすっかり動《うご》けなくなったとき、どこの病院《びょういん》でも安楽死《あんらくし》をすすめられたからです。

――安楽死《あんらくし》なんて、できない。

そう心《こころ》を決《き》めてここまでがんばってきたのに、また病院《びょういん》で安楽死《あんらくし》をすすめられたらいやだ、と思《おも》っていました。

でも今《いま》、ちろは心臓発作《しんぞうほっさ》をおこしただけでなく、おしっこが出《で》ません。それは命《いのち》にかかわることでした。

――治療《ちりょう》できることがあるなら、してほしい。

ヒロ子《こ》さんは、ただひたすら、ちろを助《たす》けたいとねがっていました。

田村動物病院《たむらどうぶつびょういん》は、ワンフロアーに診察台《しんさつだい》が三《みっ》つあって、それぞれの診察台《しんさつだい》で先生《せんせい》や看護師《かんごし》さんが、犬《いぬ》やネコの治療《ちりょう》をしています。いつも人《ひと》と動物《どうぶつ》でいっぱいですが、運良《うんよ》くその日《ひ》はすいていました。

「羽藤《はとう》さーん」

すぐに順番《じゅんばん》がきて名前《なまえ》をよばれ、ヒロ子《こ》さんは、待合室《まちあいしつ》から診察室《しんさつしつ》に入《はい》りました。

そして、ちろを一番右《いちばんみぎ》の診察台《しんさつだい》の上《うえ》にそっと乗《の》せました。

ちろを見《み》るなり、院長《いんちょう》の田村先生《たむらせんせい》がまゆをひそめました。

「ああ……。よくないね」

「はい、実《じつ》は、きのう心臓発作《しんぞうほっさ》をおこしまして……」

ヒロ子《こ》さんが、全部話《ぜんぶはな》し終《お》わらないうちでした。

ちろがまた、心臓発作《しんぞうほっさ》をおこしたのです。

ちろの診察台《しんさつだい》のまわりが、いっぺんにあわただしく、緊張《きんちょう》したものになりました。

ほかの診察台《しんさつだい》の先生《せんせい》も集《あつ》まってきます。

「んっ、んっ」

先生《せんせい》が心臓《しんぞう》マッサージをはじめます。

「舌《した》をおさえて！」

「すぐ、注射《ちゅうしゃ》！」

「酸素吸入《さんそきゅうにゅう》！」

「早《はや》く！」

いらだった声《こえ》がとびかって、だれもが必死《ひっし》でした。

そうして、少《すこ》しの時間《じかん》がすぎたとき――

いったん止《と》まったちろの心臓《しんぞう》は、またゆっくり動《うご》きだしました。

田村先生《たむらせんせい》が、ひたいににじんだ汗《あせ》をぬぐいながら、ちろに話《はな》しかけました。

「おお。三途《さんず》の川《かわ》からもどってきたなあ。どんな川《かわ》やったかなあ?」

ヒロ子《こ》さんも、ほっとして笑《わら》いました。

「きっと、この子《こ》たちがいくのは、天国《てんごく》に通《つう》じるいい川《かわ》ですよね」

いいながら、体《からだ》じゅうの力《ちから》が抜《ぬ》けていく気《き》がします。

検査《けんさ》の結果《けっか》は、心臓《しんぞう》以外《いがい》、内臓《ないぞう》はどこも悪《わる》くないということでした。おしっこが出《で》ないのは、おしっこを出《だ》そうとする神経《しんけい》の問題《もんだい》だと説明《せつめい》を受《う》けました。

「心臓発作《しんぞうほっさ》が命取《いのちと》りになるよ。それと、食《た》べられなくなったら、あと何日《なんにち》もつか、ってことだからね」

先生《せんせい》の言葉《ことば》に、ヒロ子《こ》さんは、だまってうなずきました。


「ありがとうございました」

会計《かいけい》をすませ、お礼《れい》をいって帰《かえ》ろうとすると、診察室《しんさつしつ》から田村先生《たむらせんせい》がぬっと出《で》てきました。ヒロ子《こ》さんの目《め》をじっと見《み》て、肩《かた》をポンとたたきます。

「この子《こ》は幸《しあわ》せだよ。一年《いちねん》も寝《ね》たきりで、こんなにきれいに、床《とこ》ずれも作《つく》らないで。よく世話《せわ》したね。この子《こ》は喜《よろこ》んでるよ。いつかはなくなる命《いのち》なんだからね、十分《じゅうぶん》してあげたよ」

おさえていた涙《なみだ》が、いっぺんにあふれでました。ヒロ子《こ》さんは、先生《せんせい》に、何度《なんど》も何度《なんど》も頭《あたま》をさげました。

家《いえ》に帰《かえ》って、ちろをいつもの場所《ばしょ》にそっと寝《ね》かせながら、ヒロ子《こ》さんはゆっくりと話《はな》しかけました。

「ちろちゃん……。ちろちゃんは、二回《にかい》ともプロがいるところで発作《ほっさ》をおこして。ほんとうに運《うん》の強《つよ》い子《こ》やね。今日《きょう》は、先生《せんせい》のおかげで、私《わたし》も覚悟《かくご》ができたよ。だけど、だけどね、もう少《すこ》しのあいだ、どうかなにもおこらないでほしい。ちろちゃんはお母《かあ》さんの天使《てんし》でしょ。おねがい、聞《き》いてくれるよね」

ちろは、その声《こえ》を聞《き》きながら、安心《あんしん》しきってウツラ、ウツラと眠《ねむ》っています。

窓《まど》の外《そと》に目《め》をやると、道路《どうろ》わきの木《き》が、最後《さいご》に残《のこ》った葉《は》をちらしていました。風《かぜ》に乗《の》って飛《と》んでいく葉《は》は、太陽《たいよう》の光《ひかり》をあびて、きらきらと金色《きんいろ》にかがやいています。

でも、その日《ひ》をさかいに、ちろはまったく食《た》べなくなりました。水《みず》さえ受《う》けつけません。

『食《た》べなくなったら、あと何日《なんにち》もつか、ってことだからね』

田村先生《たむらせんせい》の声《こえ》が、頭《あたま》をよぎります。

ヒロ子《こ》さんは、つきっきりで最後《さいご》の大切《たいせつ》な時間《じかん》をすごしました。

そばに横《よこ》になって、ちろの顔《かお》をしみじみながめていると、ちろも、見《み》えていないかも知《し》れない小《ちい》さな目《め》をあけたまま、ヒロ子《こ》さんを見《み》つめ返《かえ》します。

――ちろちゃんの顔《かお》、ほんとに、ほとけさんのよう……。

ふしぎなことに、全《まった》く動《うご》けなくなってから、ちろの顔《かお》はどんどんおだやかになりました。車《くるま》イスに乗《の》っておさんぽしているときなど、ほんとうにほとけさんの顔《かお》になっていました。

――けど、うちに来《き》て四年間《よねんかん》、ちろはしんどいことばっかりやった。ちろは、いったいなんのために生《う》まれてきたんやろ。ちろはこの世《よ》に生《う》まれてきて、いいことなんか、ちっともなかった。かわいそうに……もっと幸《しあわ》せな命《いのち》やったらよかったのに。

ちろの体《からだ》をなでるヒロ子《こ》さんの目《め》じりから、涙《なみだ》がいくすじもこぼれました。

ちろは、気持《きも》ちよさそうに、すーっと目《め》を閉《と》じて、眠《ねむ》りはじめます。

ちろの看病《かんびょう》に追《お》われた二〇〇六年《にせんろくねん》も、終《お》わりに近《ちか》づきました。

子《こ》どもたちは、もうすぐ冬休《ふゆやす》み。

町《まち》なかでは、クリスマスソングが流《なが》れているでしょう。

家《いえ》からちょっとのところにある国道《こくどう》は、いつもよりぐんと混《こ》んでいるはずです。

そういえば、ちろがこの家《いえ》にやってきたのは、四年前《よねんまえ》の大晦日《おおみそか》でした。

あの日《ひ》のことを思《おも》い出《だ》しながら、ヒロ子《こ》さんとちろの時間《じかん》は、静《しず》かに、ゆっくりと流《なが》れていきます……。

おわりに

実《じつ》は、このお話《はなし》を書《か》いた私《わたし》にとって、最後《さいご》に忘《わす》れられないことがありました。

十二月十五日《じゅうにがつじゅうごにち》、十八時四十五分《じゅうはちじよんじゅうごふん》。

夕食《ゆうしょく》の準備《じゅんび》がほぼ終《お》わったときに、タイミングよく携帯電話《けいたいでんわ》が鳴《な》りました。

「もしもし」

かけてくれたのは、羽藤《はとう》ヒロ子《こ》さんでした。

「こんばんは、羽藤《はとう》です」

いつもの明《あか》るい声《こえ》とはちがって、低《ひく》く抑《おさ》えたようないい方《かた》、そして鼻声《はなごえ》です。私《わたし》の胸《むね》は小《ちい》さくドキンとふるえました。

「ついさっき、ちろが逝《い》ってしまいました」

ヒロ子《こ》さんは、しぼりだすような声《こえ》で、でもはっきりとそうおっしゃいました。

「私《わたし》の腕《うで》のなかで、眠《ねむ》るように、苦《くる》しまずに逝《い》ってくれました」

「そうですか……。それは、よかったです……」

この四年間《よねんかん》のちろちゃんの物語《ものがたり》をふり返《かえ》ったとき、ヒロ子《こ》さんが最後《さいご》の日々《ひび》を献身的《けんしんてき》に看病《かんびょう》され、結果《けっか》として、その瞬間《しゅんかん》を見届《みとど》けられたことに、私《わたし》は涙《なみだ》が止《と》まりません。

ご家族《かぞく》はもちろん、当《とう》のちろちゃんが、なんとよくがんばったことか。まだ六歳《ろくさい》すぎの若《わか》いちろちゃん、もっともっと生《い》きたかったでしょう。

まったくの偶然《ぐうぜん》ですが、私《わたし》がひととおり原稿《げんこう》を書《か》き上《あ》げたのは、前日《ぜんじつ》、十四日《じゅうよっか》の午後《ごご》でした。

ちろちゃんは田村動物病院《たむらどうぶつびょういん》で心臓発作《しんぞうほっさ》をおこして以来《いらい》、具合《ぐあい》がかなり悪《わる》く、予断《よだん》をゆるさないことは、ヒロ子《こ》さんからもメールでうかがっていて、ちろちゃんを知《し》っているみんな――ハッピーハウスのスタッフやボランティア仲間《なかま》も、それぞれに心配《しんぱい》しながら日々《ひび》を送《おく》っていました。

実際《じっさい》、そんな間《あいだ》にも、ちろちゃんは驚《おどろ》くほどの生命力《せいめいりょく》で、飲《の》まず食《く》わずのまま、十日以上《とおかいじょう》生《い》きていたのです。

そんなつらい状況《じょうきょう》と私《わたし》の原稿《げんこう》は並行《へいこう》して動《うご》いていました。そして、書《か》き上《あ》がったとき、私《わたし》は以前《いぜん》、「書《か》き上《あ》がったら、本《ほん》になる前《まえ》に一度《いちど》、原稿《げんこう》に目《め》を通《とお》してくださいね。間違《まちが》いがあってはいけないので」とお話《はな》ししていたこともあり、どんな状況《じょうきょう》であっても、きちんと羽藤《はとう》さんにそれを報告《ほうこく》しないといけないと思《おも》いました。

そこで、思《おも》い切《き》ってメールをしたのです。

こんにちは。

うっとうしい日《ひ》が多いですね。お元気《げんき》でしょうか？

そして、ちろちゃん、どうですか？

私《わたし》は、ようやくひととおり物語《ものがたり》を書《か》き上《あ》げ、これから文章《ぶんしょう》チェックやら、再考《さいこう》などをする段階《だんかい》に入《はい》りました。

書《か》いているあいだ、ずっと、羽藤《はとう》さんご夫妻《ふさい》や、ちろちゃんのことを思《おも》っていました。

お宅《たく》にうかがったときのテープを何回《なんかい》も聴《き》いて、
我《われ》ながら「なんて、よくしゃべるやつや……」と苦笑《くしょう》したり。

だって、取材《しゅざい》にいって、お話《はなし》をうかがうはずが、一人《ひとり》でしゃべってますものね（笑）。

ああ、恥《は》ずかしい。

そして、
あの日《ひ》がなつかしいです。みんなで笑《わら》っている合間《あいま》に、ちろちゃんの声《こえ》もしきりに入《はい》って
います（涙）。

もし時間的《じかんてき》、精神的《せいしんてき》に余裕《よゆう》があるなら、ざっと目《め》を通《とお》していただけたら幸《さいわ》いです。

が、いろんな状況《じょうきょう》を考《かんが》えてしまって、とりあえず、このメールには添付《てんぷ》していません。

するとご主人《しゅじん》の羽藤隆《はとうたかし》さんから、次《つぎ》のような返信《へんしん》がきました。

ちろは先週来《せんしゅうらい》、ほとんど食事《しょくじ》も食《た》べず、水《みず》も飲《の》まず、一進一退《いっしんいったい》の状態《じょうたい》が続《つづ》いており、ヒロ子《こ》は毎日《まいにち》、昼夜《ちゅうや》、分《わ》かたず看病《かんびょう》しています。

そのせいか、ちろは目《め》を開《ひら》いてはヒロ子《こ》を見《み》つめています。気力《きりょく》だけで生《い》きているみたいです。ほんとうにすごい生命力《せいめいりょく》です。

しかし、一日一日《いちにちいちにち》、いや一時間一時間《いちじかんいちじかん》、少《すこ》しずつ気力《きりょく》が衰《おとろ》えてきており、意識《いしき》ももうろうとしてきています。

毎日《まいにち》がヤマ場《ば》です。

ちろの原稿《げんこう》を急《いそ》いで仕上《しあ》げていただき、ありがとうございます。

ヒロ子《こ》もたいへん喜《よろこ》んでいます。

ぜひ、その原稿《げんこう》を見《み》せてほしいとのことです。

今《いま》ならまだ間《ま》に合《あ》う。ちろに読《よ》み聞《き》かせることができるといっています。


私《わたし》はこのメールを読《よ》んですぐ、夜《よる》の十時半《じゅうじはん》ごろに、まだ推敲《すいこう》もしていないままの原稿《げんこう》をメールに添付《てんぷ》して送《おく》りました。どうやらその夜《よる》、おそらく真夜中《まよなか》にかけて、ヒロ子《こ》さんはちろちゃんにそれを読《よ》み聞《き》かせてくださったようです。


電話《でんわ》で話《はな》していて、そのことを知《し》りました。

ヒロ子《こ》さんは、かすかにふるえる声《こえ》で、でも、しっかりと、ひと言《こと》、ひと言《こと》をかみしめるようにおっしゃいました。

「お話《はなし》、ぎりぎり間《ま》に合《あ》いました。きのう、ちろに読《よ》んでやることができました！　ほんとうにありがとうございました！」

「そうなんですか！　それは、それは、ほんとうによかったです。うれしいです」

私《わたし》は、自分《じぶん》の書《か》いたちろちゃんの物語《ものがたり》が、ぎりぎり、ちろちゃんの耳《みみ》に届《とど》いたという事実《じじつ》に、感《かん》動《どう》をかくしきれません。

そして、書《か》いたものがこうした形《かたち》で喜《よろこ》んでもらえたことを、ほんとうにありがたく思《おも》え、ちろちゃんに大切《たいせつ》な何《なに》かを残《のこ》してもらったような気《き》がしています。物書《ものか》きでよかったなあ、と心《こころ》から思《おも》いました。

けれど反面《はんめん》、私《わたし》は、このヒロ子《こ》さんとちろちゃんのたたかい、愛情《あいじょう》、きずな、苦《くる》しみ、悲《かな》しみ、それらの強《つよ》さや深《ふか》さをいったいどれほど伝《つた》えられたのだろうか、とあらためて自分《じぶん》に問《と》いかけ、その夜《よる》は目《め》がさえて、ほとんど眠《ねむ》れませんでした。

ヒロ子《こ》さんと私《わたし》は、二人《ふたり》して泣《な》きながら話《はなし》を続《つづ》けました。

「ちろちゃんは、ほんとうにいい子《こ》でしたね」「ほんとうにいい子《こ》でした」

何回《なんかい》も同《おな》じセリフが出《で》てきました。だって、ほんとうにほめるしかないいい子《こ》だったのですから。

メールにもあるように、私《わたし》は取材《しゅざい》にうかがったとき、小《ちい》さな録音機《ろくおんき》を持《も》っていって、私《わたし》たちの会《かい》話《わ》をテープにとりました。

テープには、ちろちゃんの声《こえ》がそこここに、しっかり入《はい》っています。

ちろちゃんの物語《ものがたり》が本《ほん》になったとき、私《わたし》はその一冊《いっさつ》と共《とも》に、テープを羽藤《はとう》さんに差《さ》し上《あ》げるつもりです。


羽藤隆《はとうたかし》さん、ヒロ子《こ》さん。長《なが》い間《あいだ》の看病《かんびょう》、おつかれさまでした。ちろちゃんは、不幸《ふこう》な宿命《しゅくめい》を背《せ》負《お》っていたけれど、ずいぶんと幸《しあわ》せなワンコでしたね。

ちろちゃんの冥福《めいふく》を心《こころ》から祈《いの》っています。

●作者紹介　杏　有記（あんず　ゆき）

1950年広島に生まれ、4才から大阪で育つ。

神戸大学教育学部卒業。

著書に「小さないのちはどこへ行く？」（ハート出版）、「冒険にいこう、じいちゃん」（文研出版）、「さよなら、ゴードン」「カヤ原の夢」（中部盲導犬協会）など。

ほか、「京都の童話」（リブリオ出版）に「丹波・きらら山のばば」収録。

第5回、第6回盲導犬サーブ記念文学賞大賞、第4回同賞優秀賞。

第10回、第12回小川未明文学賞優秀賞。

日本児童文学者協会会員。

カバーデザイン◆サンク
写真協力◆羽藤隆さん、東端由加さん

みんなに愛《あい》され星《ほし》になった難病《なんびょう》の犬《いぬ》
天使《てんし》の犬《いぬ》ちろちゃん

平成19年2月28日　第1刷発行

ISBN 978-4-89295-555-6 C8093
発行者　日高裕明
発行所　ハート出版
〒171-0014
東京都豊島区池袋3-9-23
TEL・03-3590-6077　FAX・03-3590-6078
ハート出版ホームページ http://www.810.co.jp/

印刷　中央精版印刷

★乱丁、落丁はお取りかえします。その他お気づきの点がございましたら、お知らせください。
編集担当／西山